渋谷の空を「ひばり号」が行く！

↓

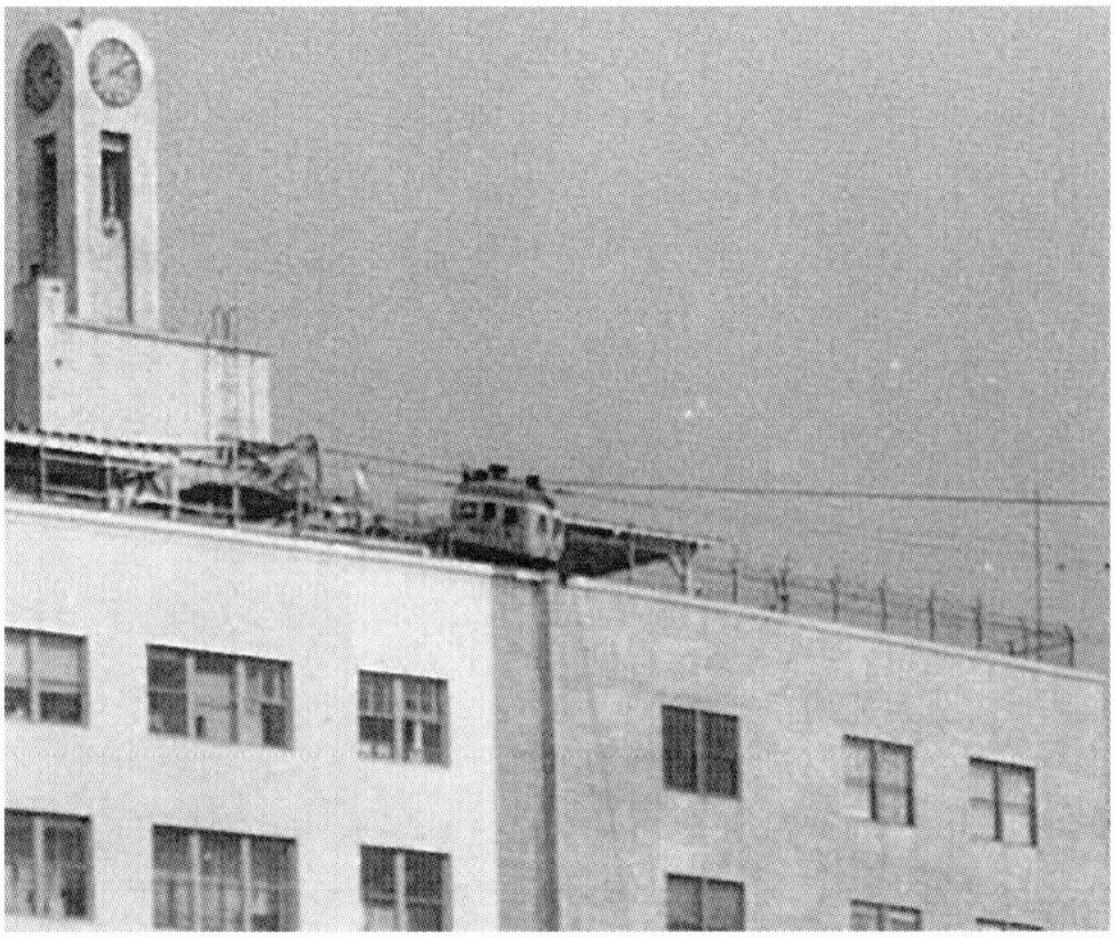

渋谷駅と「ひばり号」の位置関係（提供：清水建設株式会社／協力：東急株式会社）　渋谷駅前交差点（現在の渋谷スクランブル交差点）側から撮影した東横百貨店本館（後の東急百貨店東横店・東館）と渋谷駅の駅舎。写真の左下には山手線の高架が、右端には東横百貨店別館（旧・玉電ビル、後の東急会館〜東急百貨店東横店・西館）が見える。さらに東横百貨店の屋上を拡大してみると、今まさに東横別館に向けて「ひばり号」が出発しているのがおわかりいただけるだろう。したがって、この写真は1951（昭和26）〜53（昭和28）年の夏に撮影されたものと考えられる。

東横百貨店本店屋上から見た「ひばり号」（『岩波写真文庫68・東京案内』〈岩波書店〉より／提供：岩波書店）　眼下に渋谷駅の駅舎やハチ公前広場が見える他、渋谷の街一帯が一望できる。「ひばり号」内の人の顔までがとらえられた、きわめて状態のいい写真である。ハチ公像周辺に上野動物園創立70周年記念「動物祭」のディスプレイが見られることから、1952（昭和27）年の撮影と考えられる。

映画『東京のえくぼ』に登場した「ひばり号」(© 国際放映)　松林宗恵監督の新東宝映画『東京のえくぼ』(1952)では、主演の上原謙と丹阿弥谷津子のデート場面に「ひばり号」が登場。これが「ひばり号」が動く様子をとらえた唯一の映像である(P26参照)。

東横百貨店別館屋上の「ひばり号」(提供：朝日新聞社)　東横百貨店本館(後の東急百貨店東横店・東館)側から東横百貨店別館(旧・玉電ビル、後の東急会館〜東急百貨店・西館)屋上に着いた「ひばり号」をとらえた写真。旧・玉電ビルは途中で工事を中断した状態で「完成」させてしまったため、屋上にビルの柱が飛び出た状態になっていることがわかる(P100参照)。

渋谷上空のロープウェイ

幻の「ひばり号」と「屋上遊園地」の知られざる歴史

夫馬信一

柏書房

目次

第4章 「ひばり号」への道

〈凡例〉
一、登場する人物名は、基本的にすべて敬称略で表記した。
一、書籍・雑誌・映画などの題名、引用文は、一部を除いて新字・新仮名遣いに改めた。

プロローグ

渋谷駅街区東棟・起工式

渋谷駅周辺再開発の完成イメージ模型　2014(平成26)年7月31日に渋谷駅街区(渋谷スクランブルスクエア)東棟の起工式と同時に披露された、渋谷駅周辺再開発の完成イメージ1/500模型。駅周辺再開発すべての完了は2027年が予定されている。この模型の中央で光っているのは渋谷スクランブルスクエア。渋谷ヒカリエ11階のスカイロビーにて、2019(令和元)年9月16日の撮影。

渋谷に存在したもうひとつの「未来」

二〇一四（平成二六）年七月三一日、東京・渋谷区の東急百貨店東横店・東館を取り壊した跡地において、ある催しが行われていた。それは、渋谷駅街区（渋谷スクランブルスクエア）東棟の起工式。複合施設の渋谷ヒカリエ建設あたりから始まった渋谷駅周辺再開発が、これより本格的な段階に入ることを告げる行事だった。

時あたかも、東京全体が二〇二〇年東京オリンピックに向けて新たな変貌を遂げようとしている最中《さなか》である。同じ年の四月には、オリンピック入賞メダルを使用済み小型家電などからリサイクルしようという、「都市鉱山からつくる！みんなのメダルプロジェクト」もスタート。東京五輪のお祭り気分を盛り上げるべく、他にもさまざまなイベントが行われようとしていた。競技施設だけにとどまらず、東京は建設ブームに沸いていた。

渋谷もまたそんな再開発の真っ只中《まっただなか》にあったが、そもそもこの街の「開発」はこれに始まったことではない。今までも著《いちじる》しい進化を見せてきた街であり、近年は東京の中でも特に先進イメージを強くアピールしてきた。渋谷スクランブル交差点を見た海外の人々が、巨大ディスプレイが林立する街の容貌に映画『ブレードランナー』（一九八二）の「未来」を見いだすこともきわめて自然なことだろう。

渋谷は、今そこに存在している「未来」なのである。

そんな渋谷の街に、かつてもうひとつの「未来」的な風景があったことをあなたはご存知だろうか。ただし、それは『ブレードランナー』が見せたようなサイバーパンクな未来などではなかった。未来でありながらどこかレトロな暖かみを持った、いわゆる「流線型」的な未来とでもいおうか。

それは人呼んで、空中ケーブルカー「ひばり号」……。

工事開始まもない渋谷駅街区東棟地区(提供：「日本の超高層ビル」HP)　東急百貨店東横店・東館の解体後に始まった、渋谷駅街区(渋谷スクランブルスクエア)東棟工事の様子。上写真の右半分に見えるのが明治通りで、中央から右にのびているのが渋谷駅と渋谷ヒカリエとを結ぶ2階連絡通路。中央のクレーン奥に見えるのが、東急百貨店東横店・西館と南館である。下写真はその工事現場を中心にしたアングルのもの。2015(平成27)年1月の撮影。

ここ最近、テレビのバラエティやワイドショー、ウンチク番組などで頻繁《ひんぱん》に取り上げられて話題になることもあるので、ひょっとすると、この名前を聞いたことがある人はかなり多いかもしれない。

確かに大衆受けしそうなネタではある。あの渋谷の駅の上空に、ロープウェイがプカプカと浮かんでいたというのだ。当時の東横百貨店本館（後の東急百貨店東横店・東館。現・渋谷スクランブルスクエア東棟の一部）の屋上から東横百貨店別館（同・西館。二〇二〇年三月に営業終了）の屋上に架かっていたもので、なんと渋谷駅を通る山手線の線路の上を横切っていたというのだから、今日の我々にとってはまさに想像を絶する光景である。大都会・東京のど真ん中、それも渋谷駅の上空に、まるで行楽地のようにロープウェイが架かっていたとは……。平成が終わりを迎えようとしていたこの数年、秋にはハロウィーンの大騒ぎで話題となる渋谷駅周辺だが、そこに集う人々のコスチュームなどよりもずっと奇想天外なビジュアルではないか。

だが、それは実際にそこにあった。

正確には、戦後まもなくの一九五一（昭和二六）年から一九五三（昭和二八）年のわずか二年程度の期間、「ひばり号」は渋谷駅の上空に浮かんでいた。当時はそれなりに話題にもなって、運行まもなく子供たちの間で人気を独占していたともいわれているが、ある日それは忽然《こつぜん》と姿を消した。

今頃になってテレビなどで話題になってはいるが、その実態はあまりハッキリとはしていない。何しろ残されている記録があまりに乏《とぼ》しい。確かにわずか二年程度しか存在しなかったということもあるだろうが、それにしても「ひばり号」に関する資料が少な過ぎる。

「ひばり号」とは一体どのようなものだったのだろうか。「ひばり号」が生まれるに至った背景には、どんなことがあったのだろうか。それは、いかなる事情で姿を消したのか。

この本は、一〇〇年以上の時を超えて「ひばり号」の秘密を探る、はるかな旅への誘いである。

再開発が開始された渋谷駅周辺　東急百貨店東横店の東館はすでに解体されており、この写真では見えないが渋谷駅街区(渋谷スクランブルスクエア)東棟の工事が始まっている。写真左端に見えるのは渋谷ヒカリエ。写真右側を占める西館は、2020(令和2)年3月に営業終了。2016(平成28)年4月30日に、渋谷スクランブル交差点(渋谷駅前交差点)から撮影。

渋谷駅のシンボル・ハチ公像　戦前より渋谷駅のシンボル的存在で、今日では外国人観光客のツーショット撮影がひっきりなしに行われる東京のアイコンとなったハチ公像。背景にはこちらも東京の象徴である渋谷スクランブル交差点(渋谷駅前交差点)が見える。2019(令和元)年8月22日撮影。

「ひばり号」位置図（1951～53）

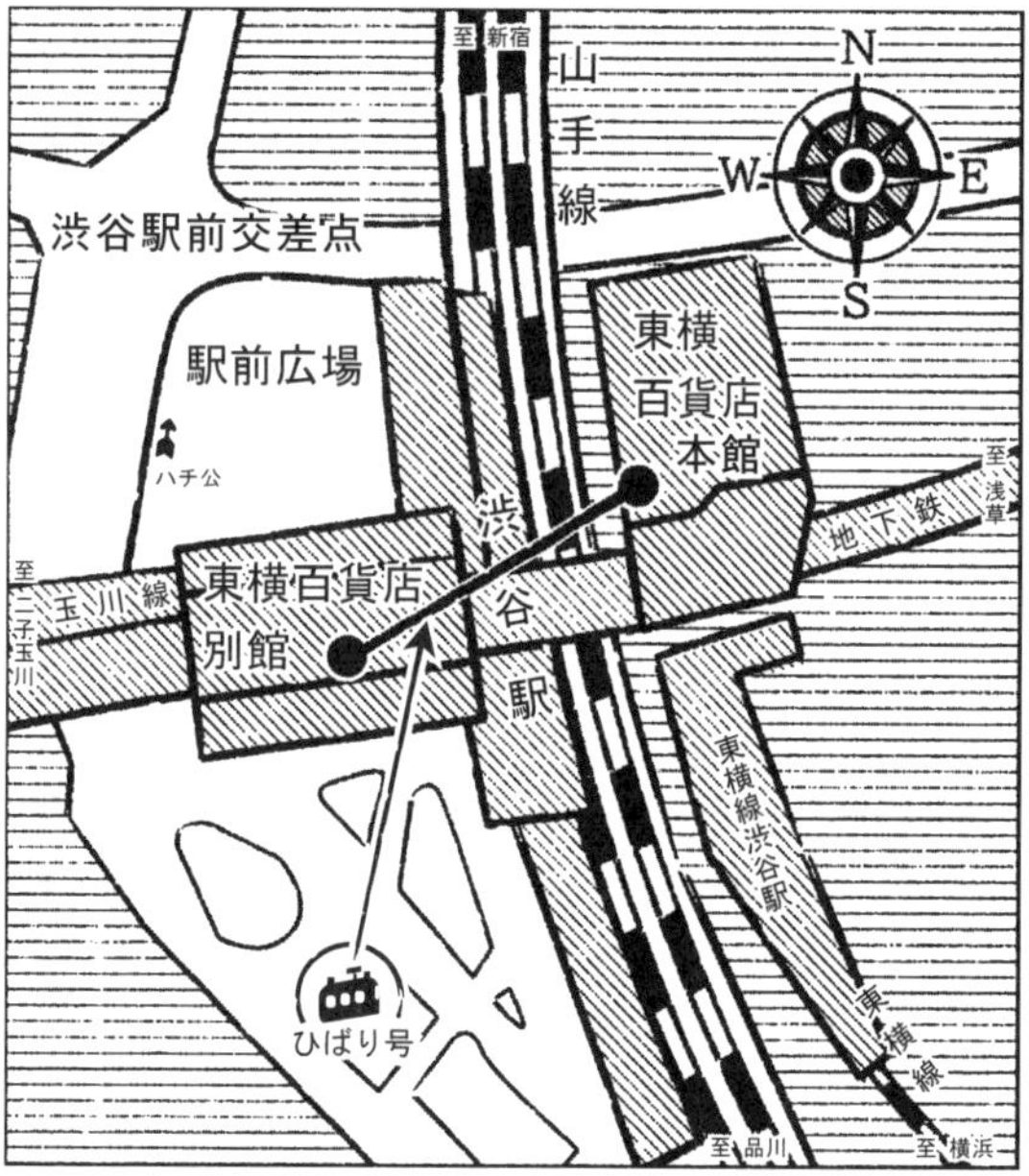

（作成：しゅうさく）

渋谷駅周辺・名称の変遷

東横百貨店 ～ 東横百貨店本館 ～ 東急百貨店東横店・東館 ～ 渋谷スクランブルスクエア東棟の一部

玉電ビル ～ 東横百貨店別館 ～ 東急会館（東横百貨店新館）～ 東急百貨店東横店・西館（2020年3月営業終了）

渋谷駅前広場 ～ ハチ公前広場

渋谷駅前交差点 ～ 渋谷スクランブル交差点

第 **1** 章

「ひばり号」とは何か

「ひばり号」の乗車切符（提供：加田芳英）　渋谷・東横百貨店屋上のアトラクション、ロープウェイ「ひばり号」の乗車切符。「開通記念」と表示されていることから、スタート当初の1951（昭和26）年夏に発行されたものと思われる。カラー写真が残っていない「ひばり号」の色合いがある程度うかがえる、今では唯一の資料である（カバー参照）。

1．渋谷駅の上に架かったロープウェイ

君は「ひばり号」を見たか？

今日、テレビなどでしばしば話題となり、その存在が知られるようになってきたロープウェイ「ひばり号」。だが、その実物を見た人はきわめて少ない。

それもそのはず。ロープウェイ「ひばり号」が渋谷駅上空にデビューしたのは、日本が戦争に敗れてからわずか六年後の一九五一（昭和二六）年夏。それから一九五三（昭和二八）年半ばまでのわずか二年間が、「ひばり号」の運行期間だったのだ。存在していたのははるか昔で、しかも存続していた期間が非常に短い。実際に目にした人が少ない訳である。

では、「ひばり号」とは一体何だったのだろうか？

正直にいってテレビのバラエティ番組やネットのウンチク・サイトに出てくる「ひばり号」情報は、間違っているとはいわないが二次資料、三次資料の引き写しや孫引き、下手《へた》をすれば曾孫《ひまご》引きである。これは、決してそのような伝え方を批判している訳ではない。実際には、この本も部分的にそうならざるを得ないのだ。なぜなら、「ひばり号」について残されたものがほとんどないからである。

以下は、「ひばり号」が存在していた当時に発行されたいわゆる「一次資料」……わずかな新聞記事や「ひばり号」を架設した日本娯楽機株式会社発行のカタログ、さらに一次資料とはいえないが、日本のロープウェイについて

都市に架かるロープウェイだった「ひばり号」（『岩波写真文庫68・東京案内』〈岩波書店〉より／提供：岩波書店）　1952（昭和27）年発行の『岩波写真文庫』に掲載された写真。東横百貨店本館屋上から道玄坂方面を望むアングルで、上方にのびる道は現在の文化村通り。現在の東急本店の位置には大向小学校が見える。この写真を見ても、都市の上空にあるロープウェイからの景色がいかにユニークで「絶景」だったかがわかる。

屋上からブラブラ
東横に空中ケーブル

○…東京の空を走る空中ケーブル・カーがいよ〳〵お目見得する。渋谷の東横デパート七階の上（高さ三十六㍍）から国電山手線、貨物線、地下鉄帝都線の上を横切って、別館の屋上（高さ二十六㍍）までの七十五㍍のロープを十二人乗りのゴンドラがブラリブラリと往復するもの。
○…工費五百万円で工事にとりかゝったが、上を通られる国鉄から「危険だ」と横ヤリが入った。そこで駅の上に金網を張ったりして完成がおくれたが、このほどやっと青と赤のゴンドラの取付けまでこぎつけた。
○…陸運局の許可があり次第廿日ごろから開通、子供たちを喜ばすという。
【写真は取付けを終った空中ゴンドラ】

「ひばり号」を報じた新聞記事（1951〈昭和26〉年6月6日付『朝日新聞』より／提供：国立国会図書館）　「ひばり号」を報じた古い新聞記事のひとつ。ただし、「ひばり号」を扱った記事自体がきわめて少ない。単に百貨店屋上の遊園施設にあるアトラクションに過ぎなかったのだから、当然といえば当然の扱いである。今日伝わる「ひばり号」に関する情報のほとんどは、この記事に基づいていると考えていい。

詳細かつ広範囲にまとめた斎藤達男・著『日本近代の架空索道《さくどう》』（コロナ社）を中心に、できるかぎりその全貌を歪《ゆが》めることなく紹介していくことにする。

前の項でも述べた通り、「ひばり号」は当時の東横百貨店本館（後の東急百貨店東横店・東館。現・渋谷スクランブルスクエア東棟の一部）の屋上から東横百貨店別館（同・西館。二〇二〇年三月に営業終了）の屋上に架かっていた。東横百貨店はその中に渋谷駅を抱え込むかたちで建っており、本館・別館の間には当時の国鉄（今日のJR）・山手線、貨物線、地下鉄高架線があったので、「ひばり号」はそれらの上を横切るかたちで運行していた訳だ。このユニークさこそが、「ひばり号」が今日これほどまでに注目される所以《ゆえん》である。

東横百貨店本館は七階建て。これに対して別館はかなり低かった。この建物は元々は戦前に「玉電《たまでん》ビル」という名称で建設されたものだが、非常に奇妙なかたちで完成させられている。今日、この建物は「三階建て」だったとも「四階建て」だったとも伝えられているが、正確には部分的に二階建て、残りの部分は三階建てとも四階建てともいえる構造（P135参照）であった。この建物については、後に詳しく説明したい。ともかく本館屋上は高さ三六メートル、別館屋上は高さ二六メートルだから、かなりの傾斜がかかっていたことになる。

区間の延長は七五メートル。これを秒速〇・五メートルのスピードで運行する。このゆったりしたスピードで、眼下にはハチ公前広場などのパノラマが広がることになる訳だ。これは乗っていた子供たちはたまらなかっただろう。案の定、「ひばり号」はかなりの人気を博したようである。

運行開始は一九五一年の八月であることは間違いないようだが、開始日は二〇日や二五日など諸説ある。一九五一年六月六日付朝日新聞に掲載された記事には、すでにケーブルに搬器が取り付けられた状態の「ひばり号」が東横別館屋上に停まっている状態の写真が掲載されており、この時期にはすでにほとんど完成していたことがわかる。「陸運局の許可があり次第（六月）二十日ごろから開通」などと記事には書いてあるが、実際の運

東横百貨店上空から見た「ひばり号」（提供：朝日新聞社）　航空写真からとらえた「ひばり号」。東横百貨店本館（右手前側）と別館（左上側）を結んでいることがよくわかる。これは1953（昭和28）年の撮影とのことなので、「ひばり号」運行最末期のものである。

「ひばり号」基本データ

方式	3線往復式
区間	東横百貨店（後の東急百貨店東横店・東館）屋上 ～東横百貨店別館（後の東急百貨店東横店・西館）屋上
開業	1951（昭和 26）8 月 20 日〈＊〉、あるいは 25 日〈＊＊＊〉
傾斜長	75m
支柱	なし
支索直径	30mm〈＊〉、あるいは 32mm〈＊＊〉
曳索直径	12mm
地上からの高さ	約 35m
最大乗車人員	小児 12 人／片側 6 人がけ〈＊＊＊〉
自重	450kg
原動機	4.0 kW〈＊〉　5 馬力〈＊＊〉　1 台
運転速度	0.5m/s
運賃	往復 20 円

『日本近代の架空索道』斎藤達男・著（コロナ社）〈＊〉、1951（昭和26）年6月6日付『朝日新聞』、同年7月18日付『読売新聞』夕刊、『NIPPON GORAKU 営業案内』（日本娯楽機株式会社）〈＊＊〉、「渋谷懐古帖」関田克孝（『鉄道と旅・渋谷駅』宮田道一、林順信〈大正出版〉より）〈＊＊＊〉などを参考に作成。データのうち「開業」と「支索直径」については、ふたつある説の両方を列挙した。

行までにはあと二か月の期間が必要だった。山手線上空を横切るので国鉄から横槍が入り、金網を張ったりして完成が遅れたとのことだったが、それでも許可は下りなかったのだろうか。七月一八日付読売新聞夕刊にも「ひばり号」の記事が掲載されているが、この時点でもまだ同月二五日に試運転が予定されていると書かれている。

「ひばり号」は東横百貨店の本館屋上から別館屋上に向けて運行するロープウェイだが、実は別館屋上には何もない。写真で見ていただければおわかりのように、元々、別館屋上は上がれるようにできていない、殺風景《さっぷうけい》な場所である。したがって、「ひばり号」の乗客は別館屋上に到着してもそこで降りることはできない。乗ったまま逆向きに戻ってくるだけだ。それでも、ひとり往復二〇円を払って大人気だったというのだから大したものだ。一九五二（昭和二七）年当時の国電最低料金が、まだ一〇円の頃の話である。

色はカラー写真が残されていないので定かではないが、前述の六月六日付朝日新聞では「黄と赤のゴンドラ」、七月一八日付読売新聞夕刊では「オレンジと黄色」と表現しており、当時の乗車切符（カバー参照）も朱色で表現しているので、大体はそんなところだったようだ。また、残された何点かの写真を見ると、塗装デザインが微妙に変わっているようでもある。途中で何度か塗り直していたのだろう。

六月六日付朝日新聞では「工費五百万円で工事にとりかかった」と書いているが、七月一八日付読売新聞夕刊では工費は六〇〇万円、一九五一年四月一七日付毎日新聞では七〇〇万円となっている。当時は宝くじの一等賞金一〇〇万円の時代である。いずれにせよ、いかに巨額の投資であったかおわかりいただけるだろう。

この「ひばり号」を架設して運営していたのは、日本娯楽機株式会社（現・ニチゴ）という会社である。さまざまな遊具や遊技機のメーカーであり、その傍《かたわ》らデパートの屋上遊園地や各種遊園施設の運営も行っていた。東横百貨店屋上の遊園施設も、この会社が任されていた訳である。

そんな「ひばり号」が渋谷駅上空に浮かんでいた二年間とは、一体どのような時代だったのだろうか。

子供ケーブルカー

寸例　複式三線單走式
主索32粍鋼　2本使用
曳索12粍鋼　無端式
最大距離　75メートル
高さ地上より　115尺
ゴンドラ乗員　12名
使用モーター
5馬力　1台

本例は某デパートの本館より別館に張り渡したケーブルカーで眼下の地上には國鐵私鐵バス等が行き交ひ眼のまはる様なスリルを満喫することが出來ます

ウオーターシユート

寸例　傾斜度　15′～0　長さ　120メートル
10人乗りボート　2台
捲き揚げウイチ　5馬力　1台

池よりウインチにて引き揚げたのち乗客を満載して傾斜面のレール上を滑走して水面に踊り込みます、大人にも子供にも素晴らしく喜ばれるスリル界の王者

複式飛行塔

寸例　飛行機4台　計24人乗
塔高35尺　直經24尺
動力　3馬力　1馬力　各1台
毎分4～5回轉

回轉しながら段々と15～20尺の高さ迄上昇するもの、單式に比較し非常に安定感と浮揚感と高度感に於てすぐれて居ります御家族連れにて樂しむに最適のもの

日本娯楽機カタログに掲載された「ひばり号」（提供：アミューズメント通信社）　1952（昭和27）年頃に発行されたと思われる、日本娯楽機株式会社カタログ『NIPPON GORAKU営業案内』の抜粋。「ひばり号」の簡単なスペックが掲載されている貴重な資料である。同じページに掲載されている「ウォーターシュート」は、東京都練馬区の遊園地「豊島園」が1946（昭和21）年3月に営業再開した際のもの（「カルピス」の広告看板が確認できる）。「複式飛行塔」は、浅草松屋屋上に設置されたものと思われるが、株式会社松屋によれば不明とのことである（P150、P171参照）。

「ひばり号」が存在した時代

ここでは、渋谷駅上空に「ひばり号」が存在した時代を振り返ってみよう。

「ひばり号」が運行していたのは、一九五一（昭和二六）年八月から一九五三（昭和二八）年の半ば。足掛け三年、実質二年間のことであった。一九五一年は終戦後わずか六年という年であり、まだ戦争の痛手が癒《いや》されていない時期である。さらに前年の一九五〇（昭和二五）年六月には朝鮮戦争が勃発《ぼっぱつ》しており、やっと訪れた平和に再び暗い影が落とされていた時期でもある。ただし、結果的にこの争乱がさまざまなかたちで日本の復興に拍車をかけたのも事実であった。

同年四月には、連合国軍最高司令官ダグラス・マッカーサーがトルーマン米大統領に電撃的に解任される。開戦以来一進一退を重ねて迷走していた朝鮮戦争の間、東京から指揮を執るマッカーサーの言動も徐々に独善的になっていった。これがトルーマン大統領の逆鱗《げきりん》に触れ、更迭《こうてつ》へとつながったわけだ。四月一六日、六年間にわたって事実上日本を統治していたマッカーサー離日の際には、二〇万人を超える人々が彼を見送ったという。

さらに一九五一年八月三一日、マッカーサー帰国の余韻《よいん》がまだ残る羽田空港から、アメリカへと飛び立つ人々がいた。九月四日からサンフランシスコで行われる講和会議に出席の、吉田茂《よしだしげる》首相率いる全権委員一行である。この会議によって日本と連合国との戦争状態は終結し、独立国として新たな一歩を踏み出すことになる。

それからまもない九月一〇日には、ベネチア国際映画祭で黒澤明《くろさわあきら》監督の『羅生門』（一九五〇）がグランプリを獲得。その後も『羅生門』は一九五二（昭和二七）年の第二四回アカデミー賞名誉賞を受賞するなど海外の映画賞で暴れ回り、黒澤明は一躍世界的な映画監督となった。それはまるでタイミングを図ったかのような、「新生日本」の国際社会への復帰を印象づける出来事だった。

「新たな日本」への胎動《たいどう》は、さまざまな分野に及んだ。この年には日本企業による航空輸送への道が開かれ、日

マ元帥歸國
「名誉國民」の称号
政府、マ元帥に贈らん
歓送の都民

マッカーサー帰国を報じる新聞記事（1951〈昭和26〉年4月17日付『朝日新聞』より／提供：国立国会図書館） 1951年4月16日午前7時23分、トルーマン大統領に最高司令官を解任されたマッカーサーとその妻が、愛機である三代目「バターン号」で羽田空港から帰国。その別れを惜しんで、沿道には20万人を超える市民が星条旗と日の丸を手に持って集まった。なお、マッカーサーの後任はマシュー・B・リッジウェイ陸軍大将であった。

サンフランシスコ講和条約に調印（1951年9月9日付『朝日新聞』より／提供：国立国会図書館） 1951年9月8日（日本時間9日）、サンフランシスコにおける講和会議の最終日に対日講和条約の調印式が行われた。48か国の代表による署名を終えた後で、日本全権・吉田茂首相が署名。しかし、ソ連主席全権のアンドレイ・グロムイコをはじめ、チェコ、ポーランドの3国の全権は出席しなかった。条約は翌1952（昭和27）年4月28日には発効し、日本の独立が回復された。

講和条約こゝに調印
四十九ヵ国が参加
午前三時三十四分 吉田全權署名
【サンフランシスコ=中村特派員八日発】サンフランシスコ会議は八日午前十時十一分（日本時間九日午前二時十一分）再開され、対日講和条約の調印式が厳粛に行われた。この日、日本全権吉田首相は、式場で各国代表に握手を求められるなど、なごやかな風景を見せ、かくて四十九ヵ国の代表によって歴史的な調印が開始された。グロムイコ・ソ連首席全権はじめチェコ、ポーランドの三国全権は出席しなかった。四十八ヵ国代表の署名を全部終ったのち、午前三時三十四分（日本時間）吉田日本全権が署名し、同四十二分調印式を終った。
会場に「日章旗」を追加
演説する吉田全権

本航空が設立されたのである。実は占領まもない一九四五（昭和二〇）年一一月一八日、連合軍最高司令部が打ち出した『連合国軍最高司令部訓令三〇一』によって、日本人が民間航空活動を行うことが全面的に禁止になっただけでなく、飛行機についての研究や実験までが御法度《ごはっと》となっていた。それが、まだ「営業」の分野に限られるものの、日本人による航空輸送に門戸が開かれたというのだ。

早速、同社には航空を志《こころざ》す人々が殺到し、同年八月二七日から三日間だけ日本航空の初披露・招待飛行が行われた。機体はフィリピン航空よりリースされたDC－3、運航乗務員もフィリピン航空の人間だ。客室乗務員こそ日本人だったが、すべて同社発足に伴って採用された新人である。機体とともにフィリピン航空から派遣されたスチュワーデスの講師による、指導・訓練を受けながらの乗務であった。そんな状況ではあったが、これが日本航空による「初フライト」であることは間違いない。

さらに一〇月二五日には、戦後初の民間航空定期便として日本航空の東京～大阪～福岡便がスタート。この時もノースウエスト航空（実際には下請けのトランスオーシャン航空）が機材（マーチン202型「もく星」号）とパイロットや整備士などを提供するかたちではあったが、初披露・招待飛行の時とは違って尾翼には「日の丸」が描かれていた（初披露・招待飛行ではフィリピン国旗が描かれていた）。

翌一九五二年七月一日には、羽田空港の施設の大部分が米軍から返還。日本ヘリコプター輸送と極東航空という、後年に全日本空輸となる二社が設立されるのもこの年だ。一九五一年から翌五二年は、わが国における戦後の航空の基礎が築かれた時期だったということができるだろう。

一九五二年は、日本がオリンピックへの復帰を実現した年ともいえる。同年二月一四日から開催されたオスロ冬季五輪に参加が認められたのだ。戦前には一九四〇（昭和一五）年に東京でオリンピックを開催しようというところまでいっていた（P88参照）のに、無念にも水泡《すいほう》に帰してしまった。戦争によってすべてを失ってし

定価(朝夕刊一カ月220円・一部(二頁)3円(四頁)4円50銭)　3版

垢石老やワン公も
けさ　日航一番機初の旅

待望の民間航空一番機が二十五日朝七時四十分、羽田空港を飛び立ち、東京—大阪—福岡の定期空路に就航した。この朝空港には、両翼にあざやかな日の丸、胴に赤線二本と「日本航空」の文字を入れた晴れ姿の一番機「もく星号」が待機。

一番乗りの乗客は大阪行二十一人、福岡行十五人、合せて三十六人で、うち女性は六人。九鬼参議院議員が公用で大阪へ、劇作家佐藤垢石氏は「商売で福岡まで行きますが、酒を忘れて来て残念……」と、これは雑誌に初乗り記を書くのが目的らしい。婦人団体「ポスト・クラブ」の林秀子、加藤愛子両女史は「大阪市民の声を聞くため」と称して大きな赤ポスト（市民の投票箱）を持ちこみ、早くも一番機の宣伝効果をねらう。

貨物は航空郵便のほかは小型だったが、銀座西七ノ六会社重役福田千之氏から大阪の友人に贈られるという愛犬テリヤの独り旅が、この日唯一の貴重品扱い。出発直前大阪へ立つ間組社長神部満之助氏を見送りに来た令嬢昌子さんが引っぱり出され、花束をボアー機長に贈って前途を祝福、スチュアデス石井暢子さん(二三)の案内で全員が乗込み、航空庁、日航関係者、家族ら多数の見送人が手を振るうち、「もく星号」はあざやかに離陸、六年ぶりに"日の丸"を大空に浮べた。

難航だった民間航空実現の産みの親、秋山運輸次官、大庭航空庁長官、柳田日航社長、松尾同専務らが、機影が西の空に消えるまで見送っていた。

羽田を出発する「もく星号」

仙台で、日米野

米軍	0	2	0	0
巨人	0	0	0	0

日本航空による戦後国内定期便1号機出発（1951〈昭和26〉年10月25日付『朝日新聞』より／提供：国立国会図書館）　1951年10月25日午前7時43分、わが国戦後初の民間航空定期便としてマーチン202型機「もく星」号が東京の羽田飛行場を出発。報道関係者を含む乗客の内訳は東京発大阪行き21人、福岡行き15人で合計36人。大阪からは5人が搭乗した。記事によれば、東京の会社重役から大阪の友人あてに贈られる犬のテリアが、この日唯一の貴重品扱いだったという。

毎日新聞　The Mainichi　(日刊)　昭和27年(1952年)7月2

聖火燃えてオリンピック開く

日章旗を先頭に入場する日本選手團

(ヘルシンキ—ストックホルム—東京間無線電送(安保本社特派員撮影))

歓呼あび『日の丸』

最後の走者・ヌルミ、聖火

華麗・各国

鳴り響くファンファーレ

日本十六年の空白を満たす

体操規

ヘルシンキ・オリンピックでの日本選手団（1952〈昭和27〉年7月20日付『毎日新聞』より／提供：国立国会図書館）　ヘルシンキで行われた第15回大会は、日本選手が初めて参加できたオリンピック夏季大会である（冬季大会はすでにこの年の2月に開催されたオスロ大会から参加していた）。開催式は、1952年7月19日午後0時55分に開始。日本は参加68か国の31番目で入場。日本のマスコミは、「日の丸」のオリンピック復帰を大々的に書き立てた。先頭の日本選手団旗手は、棒高跳びの沢田文吉選手である。

まった日本は、一九四八（昭和二三）年に開かれた戦後初めてのロンドン大会から閉め出されてしまったのである。それが、このオスロ冬季大会から復帰。さらに一九五二年七月一九日開催のヘルシンキ夏季大会にも参加して、日本は本格的にオリンピックの舞台に帰ってきた。

それどころではない。こともあろうに、まだ敗戦から七年しか経っていない一九五二年の時点で、新たに東京へのオリンピック招致を決めているのだ。それは同年五月一〇日の東京都と体協首脳部との会見の結果決まったものだが、東京都は以前よりオリンピック招致を計画中だったというからさらに驚かされる。

この時は一九六〇（昭和三五）年の第一七回大会の招致を狙っていたのだが、さすがにこれには失敗。しかし、その後に一九六四（昭和三九）年の第一八回大会の招致には成功してしまうのだから、この時代のわが国「復活」に向けたパワーは尋常《じんじょう》なものではなかったはずだ。

一九五三年の二月一日には、NHKで日本初のテレビ放送を開始。同じ年の八月二八日には日本テレビ放送網により民間放送によるテレビ放送も開始する。そのため、関東ではあちこちで街頭テレビも設置されたようである。このあたりで、日本人は敗戦からの立ち直りを実感し始めたのではないだろうか。

この一九五三年には、泥沼化していた朝鮮戦争がようやく休戦に漕《こ》ぎ着ける。その休戦調印は、同年七月二七日に板門店《パンムンジョム》で行われた。これによって、三年ぶりの全面停戦が実現。以来、この状態が今日まで続いていることになるが、当時の人々としてはひとまず安堵《あんど》の思いをかみしめていたことだろう。

日本人が「平和」を実感し「復活」への足がかりを得たといえる一九五一年から五三年の間、「ひばり号」はそんな人々の希望の象徴のように、渋谷駅の上空に浮かんでいたのである。

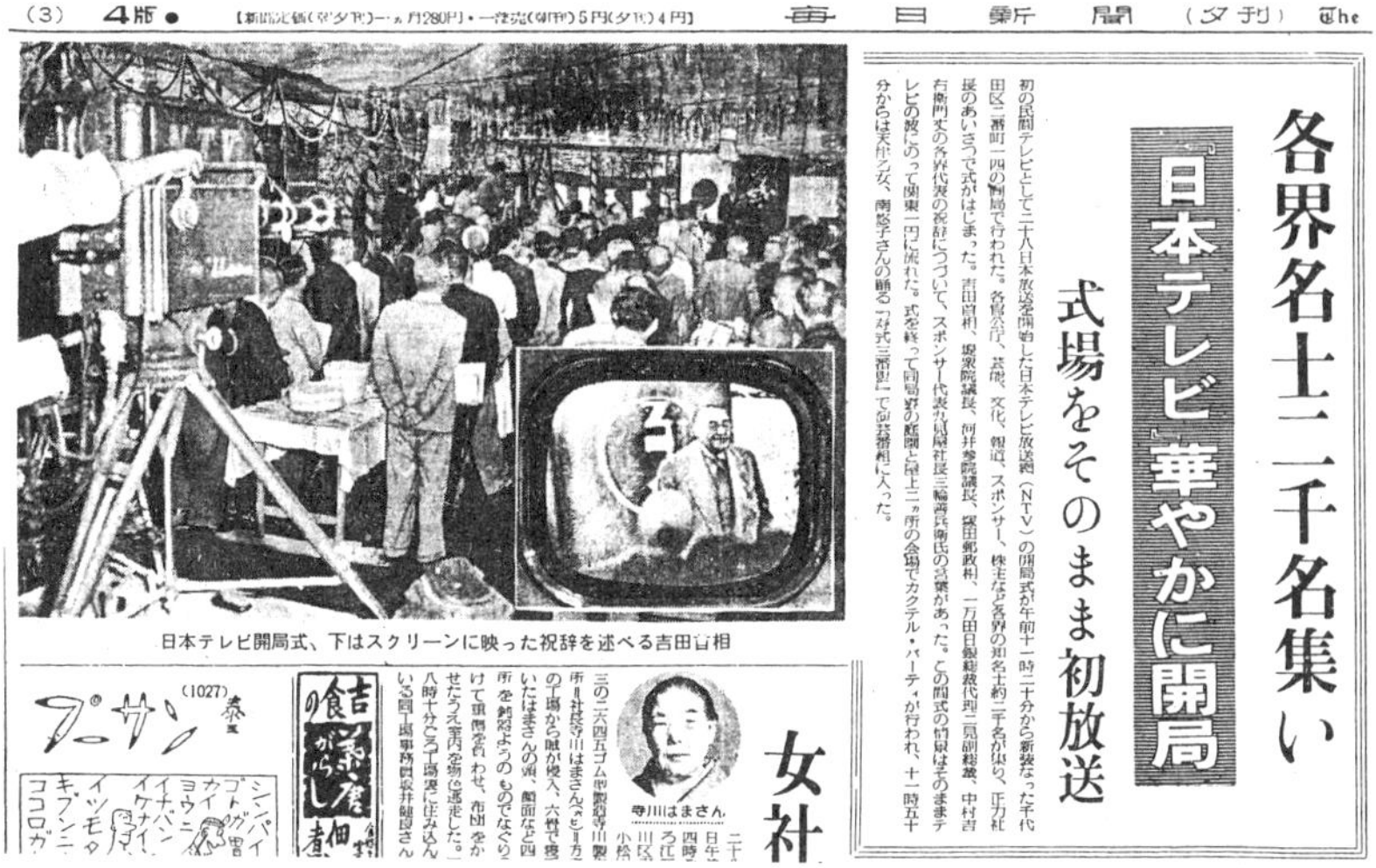
（3）　4版●　【新聞定価（朝夕刊）一ヵ月280円・一部売（朝刊）5円（夕刊）4円】　毎日新聞（夕刊）　The

各界名士二千名集い
『日本テレビ』華やかに開局
式場をそのまま初放送

初の民間テレビとして二十八日本放送を開始した日本テレビ放送網（NTV）の開局式が午前十一時二十分から新装なった千代田区二番町一四の同局で行われた。各官公庁、芸能、文化、報道、スポンサー、株主など各界の知名士約二千名が集り、正力社長のあいさつで式がはじまった。吉田首相、堤衆院議長、河井参院議長、塚田郵政相、一万田日銀総裁代理二見副総裁、中村吉右衛門丈の各界代表の祝辞につづいて、スポンサー代表丸見屋社長三輪善兵衛氏の言葉があった。この開式の情景はそのままテレビの波にのって関東一円に流れた。式を終って同局前の庭園と屋上二ヵ所の会場でカクテル・パーティが行われ、十一時五十分からは天津乙女、南悠子さんの踊る「寿式三番叟」で演芸番組に入った。

日本テレビ開局式、下はスクリーンに映った祝辞を述べる吉田首相

民間放送によるテレビ局の開局（1953〈昭和28〉年8月28日付『毎日新聞』夕刊より／提供：国立国会図書館）　1953年8月28日午前11時20分から、日本テレビ放送網の開局式がスタート。その模様は、そのまま同局初の「番組」となってテレビで放送された。すでに同年2月1日にはNHKで日本初のテレビ放送が開始されており、日本テレビの参入によって民放各局が次々と開局することになった。

朝鮮戦争休戦協定が調印された板門店（提供：朝日新聞社）　1953（昭和28）年7月27日午前10時1分、板門店に設けられた調印式場にて、国連軍代表のウィリアム・K・ハリソン中将と中朝連合司令部代表の南日が休戦協定に調印。これで3年1か月ぶりに戦闘が終結することになった。この写真は板門店の全景で、調印式に先立って7月1日に撮影された。右が調印式場、左が会談場。

2. 残されたわずかな痕跡

搭乗体験者の「証言」

今日の人々にまだ戦争の傷跡も癒《い》えない頃の暮らしを実感しろといっても、それは無理な相談であろう。それと同じように……いや、それ以上に、何十年前かに失われてしまった「ひばり号」を実感することも不可能としかいいようがない。だが、実体験はできなくとも、リアルなその姿を見ることはできる。動く「ひばり号」を撮影したフィルムが、奇跡的に存在しているのである。

それは、上原謙《うえはらけん》と丹阿弥谷津子《たんあみやつこ》の主演による新東宝映画『東京のえくぼ』(一九五二)だ。

この映画のことは、ご存知の方も少なくないだろう。お話はほのぼのしたもので、多忙で味気ない暮らしをしている会社社長(上原)を、新任の社長秘書(丹阿弥)がこっそり外の世界に連れ出してやる……というもの。社長が庶民の暮らしを満喫するエピソードの数々の中に、「ひばり号」も登場する訳である。

具体的には、約一時間半の上映時間のうち一時間ちょっと経過したあたりで「ひばり号」が登場。デパートの屋上とおぼしき場所で、主役二人が二人乗りブランコに乗っている。そこで上原謙がくわえた煙草《たばこ》に丹阿弥谷津子が火をつけてあげると、ワイプで場面転換。次の瞬間、二人は「ひばり号」の乗降場の階段を登っている。こうして二人を乗せた「ひばり号」は乗降場から滑り出して行くが、途中で停電のために運行が止まってしまって……という展開である。「ひばり号」に関わる場面は合計で一分以上あり、向かってくる「ひばり号」を東横百貨店・

「ひばり号」乗降場での撮影スナップ（© 国際放映／提供：江津市教育委員会）　映画『東京のえくぼ』撮影中の一コマ。左から松林宗恵監督、上原謙、丹阿弥谷津子。「ひばり号」本体はほとんど見えないが、その乗降場で撮影された写真である。松林監督の後方には、東横百貨店本館屋上に建っている時計塔も見える。映画場面スチール（口絵P4参照）と併せてご覧いただきたい。なお、『東京のえくぼ』は1952（昭和27）年7月15日に公開されている。

「ひばり号」乗降場の様子（提供：白根記念渋谷区郷土博物館・文学館）　「ひばり号」乗降場の全体像をとらえた珍しい写真。『写真集 渋谷の昔と今』（東京都渋谷区立渋谷図書館）に掲載された際のキャプションによれば「ひばり号」架設工事中の光景とのことで、それが事実であれば撮影は1951（昭和26）年である。この写真から、正式名称は「空中ケーブルひばり号」だったことがわかる。彼方に見えるのは渋谷区桜丘町、眼下には山手線の車両と線路がある。

別館側から撮影したショットや「ひばり号」内部のショットなど、他では見ることのできないビジュアルも多い。

この映画は、森繁久彌《もりしげひさや》主演の『社長三代記』（一九五八）をはじめとする『社長シリーズ』を数多く手がけ、他にも『人間魚雷回天』（一九五五）、『ハワイ・ミッドウェイ大海空戦／太平洋の嵐』（一九六〇）、『世界大戦争』（一九六一）など多彩な作品を生み出した松林宗恵《まつばやししゅうえ》監督の第一回作品。松林監督はこの映画のメイキング的な写真をアルバムに貼って残しており、そこに書かれた説明によると、デパートの屋上で主役二人がブランコに乗っている場面がこの映画の撮影初日ファースト・カットだという。その場面は東横百貨店屋上で撮られたとも書かれているので、「ひばり号」の場面もまた撮影初日に撮られたものと思われる。

また当然のことながら、「ひばり号」が存在していた当時に実際に乗った経験がある人もいる。現在、渋谷区役所広報コミュニケーション課の区政資料コーナーで働く山田剛も、そんな貴重な体験をした一人だ。

山田が「ひばり号」に乗ったのは、小学校に入る一～二年前。ちょうど、時期的には一九五一（昭和二六）年から一九五二（昭和二七）年頃にあたる。当時、山田は目黒区の駒場に住んでいて、渋谷に出てくることも多かった。働いていた母親に連れられて東横百貨店に行ったので、おそらく日曜日だったはずだという。

「すぐには乗れなかったと覚えています。列を作って待たされていたんじゃないかと思いますね」と語る山田。確かに、日曜日なら子供たちが殺到していただろう。また、山田は肝心の「乗り心地」についても次のように証言している。「中は天井高は低いし、小柄な人か子供じゃないと入れないほど。とにかく狭かった」

『東京のえくぼ』でも、内部の狭さはうかがえる。なにしろ定員は「子供」一二人。大人ではきつかったはずだ。

「向こうの建物（別館）が低かったので、ロープウェイ自体も斜めでした」と山田。「それで、床は階段状になっていたんですね。ロープウェイの中でちゃんと立てるように、床は階段みたいになっていたんです」

そんな山田も、「ひばり号」に乗ったのはその時一回限り。その後、二度と乗る機会はなかったという。

「ひばり号」に乗り込む子供たち（提供：毎日新聞社）　定員は片側に6人座りの子供12人という「ひばり号」だが、この小ささを見れば納得である。小型のビデオカメラも高感度フィルムもなかった時代、俳優2人に監督、キャメラマン、照明……と最低でも大人5人は乗らなければならなかったはずの『東京のえくぼ』の撮影は、さぞや困難なことだっただろう。写真は1951（昭和26）年8月の撮影。

「ひばり号」に乗った当時の山田剛（提供：山田剛）　現在、渋谷区役所広報コミュニケーション課の区政資料コーナーで働く山田剛は、かつて駒場の東大教養学部敷地内に建てられた母方の伯父の家に住んでいた。写真はその自宅付近で撮影したものである。小学校に上がる前の満5歳11か月だった1952（昭和27）年7月、まさに山田が「ひばり号」に乗った頃に撮影された。

なぜ「ひばり号」は幻になったのか

そんなに人気を博していたはずの「ひばり号」が、きわめて少ない写真や記録しか残さず忽然《こつぜん》と姿を消してしまったのは、一体なぜなのだろうか。

そうなった理由としては、まずは「子供向けのアトラクション」に過ぎなかったということが挙げられる。話題にはなっても、たとえば東京タワーや勝鬨橋《かちどきばし》のようなランドマークにはなり得なかった。所詮は……といってしまうと残念だが、百貨店の屋上遊園地にあるひとつの遊戯機に過ぎないという認識だっただろう。わずかながら、新聞に何度か取り上げられただけでも異例のことだったはずだ。

そして、意外にも「目立たない」存在であったということも見逃せない。

渋谷駅上空、ハチ公前広場から丸見えという抜群のロケーションなので、目立たない訳がないと思われるかもしれない。だが、実際には「ひばり号」は予想以上に目立たない……いや、「見えない」。実際の「ひばり号」は、我々が想像する以上に小さい（口絵P1参照）。だから、おそらくハチ公前広場に立っても、そこにそれがあることを意識して見上げない限り見えないのだ。航空写真が残っているのではないかと考えて探してみたが、大抵は高度が高過ぎてまったく写っていない。相当に高度を下げて東横百貨店に接近しないと「ひばり号」など写らないし、写ってもきわめて小さいものにしかならない（P17参照）のだ。

大きく写せる撮影場所がほぼ東横百貨店本館屋上に限定され、アングルが固定されてしまうのも難点である。異なる構図の写真も存在するが、「ひばり号」の写真といえばほぼ同じアングル。多くの人々は赤石定次という人物が一九五二（昭和二七）年の「成人の日」（当時は一月一五日）に撮影した、有名な写真で見ているはずである。本書に掲載した『岩波写真文庫68・東京案内』（岩波書店）の写真（口絵P2～3、P15参照）とほぼ同一のアングルだ。普通はこうしか撮りようがない。ゆえに、「被写体」としては数多く残りにくかったのだろう。

道玄坂方面から見た「ひばり号」（提供：朝日新聞社）　運行中の「ひばり号」をとらえたショットになっているが、下の画像を見てみれば、本来は渋谷道玄坂一丁目から渋谷駅西口の車両基地方面を撮影したものであることがわかる。「ひばり号」はたまたま写ってしまったに過ぎない。下の写真、右側に井の頭線や玉川電車の線路が見えている。左側に少し見えるのが山手線。1952（昭和27）年8月14日の撮影である。

そこで今回は、新聞社などが「ひばり号」を被写体として撮ったもの以外で、東横百貨店にカメラを向けたら「たまたま写ってしまった」写真を探してみた。その結果、何点かの「偶然の産物」を見つけた訳だ。

写真以外の「ひばり号」の痕跡を見つけるのも、きわめて困難だった。現在の東急株式会社にもJR渋谷駅にも、「ひばり号」工事に関する記録などはまったく残っていない。この手のものを架設する場合の監督官庁はどこかと尋《たず》ね歩いた結果、国土交通省関東運輸局の鉄道部管理課に辿《たど》り着いたが、こちらも当時の書類や記録は廃棄されて残っていないと回答。東急百貨店で何か持っていないかと探しても、例の赤石定次撮影の写真が出てくるだけである。そもそも、屋上遊園地のアトラクションの記録など保存しているはずがない。

「ひばり号」を架設・運営していた、日本娯楽機の後身であるニチゴでも同様である。現在は、百貨店の屋上遊園地から撤退している状態。茨城にある同社倉庫を探せば写真や資料があるはず……という話も聞いたが、そこは現在、数多くの遊戯機が所狭しと詰め込まれて立ち入り困難。広大な倉庫の片隅に貴重な宝物が死蔵されたままにされてしまう、『レイダース／失われたアーク《聖櫃》』（一九八一）のエンディングを彷彿《ほうふつ》とさせるようなミステリアスな状態である。

結局、なぜ何も残っていないのかといえば、一九五一（昭和二六）年八月から一九五三（昭和二八）年の半ばという、きわめて短い期間で消滅してしまったことが大きい。これほどすぐに消えては、写真にも残らないのだ。

それでは、「ひばり号」はなぜこれほど短い期間で消え失せてしまったのか。そもそも、「ひばり号」はどういう経緯から渋谷のど真ん中に生まれたのか。

以降の章では、それらの理由について少しずつ解き明かしていきたい。

「ひばり号」運行当時の渋谷駅駅舎（提供：白根記念渋谷区郷土博物館・文学館） 1951（昭和26）年12月頃撮影。中央にある駅舎の左側が改札口である。右側の東横百貨店別館（旧・玉電ビル）に「クリスマスセール」の看板が見える。この写真ではほとんど見えないが、すでに「ひばり号」は運行していてケーブルも張られている。

東横百貨店本館と「ひばり号」の支索（提供：朝日新聞社） 1952（昭和27）年5月30日撮影。夕刻の渋谷駅と東横百貨店本館を撮った写真だが、かろうじて「ひばり号」支索のケーブルと屋上の乗降場が見える状態である。おそらく大抵の人々は、意識しなければそこにロープウェイがあるとは気づかなかったであろう。

COLUMN
「ひばり号」が浮かんだ空（1）

銀幕に映し出された渋谷

「ひばり号」の動く姿を記録した『東京のえくぼ』（1952）の他にも、渋谷が登場する映画は多い。

たとえば、大女優の田中絹代が木下恵介の脚本で監督デビューした『恋文』（1953）。戦争から復員後、無気力に生きる主人公（森雅之）が暮らす場所は渋谷だ。また、吉永小百合と浜田光夫のコンビで作られた、チンピラとお嬢様の悲恋物語『泥だらけの純情』（1963）には、渋谷駅や東横線がふんだんに出てくる。小林旭主演の『爆弾男といわれるあいつ』（1967）の主な舞台は新潟県長岡市だが、冒頭の渋谷の場面にはハチ公像も登場する。

しかし近年、映画での渋谷といえば外国映画が増え、取り上げ方も変わってきた。東京での外国人の孤独を描いたソフィア・コッポラ監督の『ロスト・イン・トランスレーション』（2003）、大ヒット・シリーズ『ワイルド・スピードX3 TOKYO DRIFT』（2006）、アレハンドロ・ゴンサレス・イニャリトゥ監督の『バベル』（2006）における東京でのエピソード……には、いずれも渋谷スクランブル交差点が登場する。印象的なのは、ホラー・アクション映画シリーズ第4弾『バイオハザードIV／アフターライフ』（2010）。雨のスクランブル交差点での冒頭場面は、実に衝撃的だった。

『ワイルド・スピード X3 TOKYO DRIFT』
Blu-ray: 1,886 円＋税／ DVD: 1,429 円＋税
発売元：NBC ユニバーサル・エンターテイメント
※ 2019年10月の情報です。

第2章 「ひばり号」のルーツ

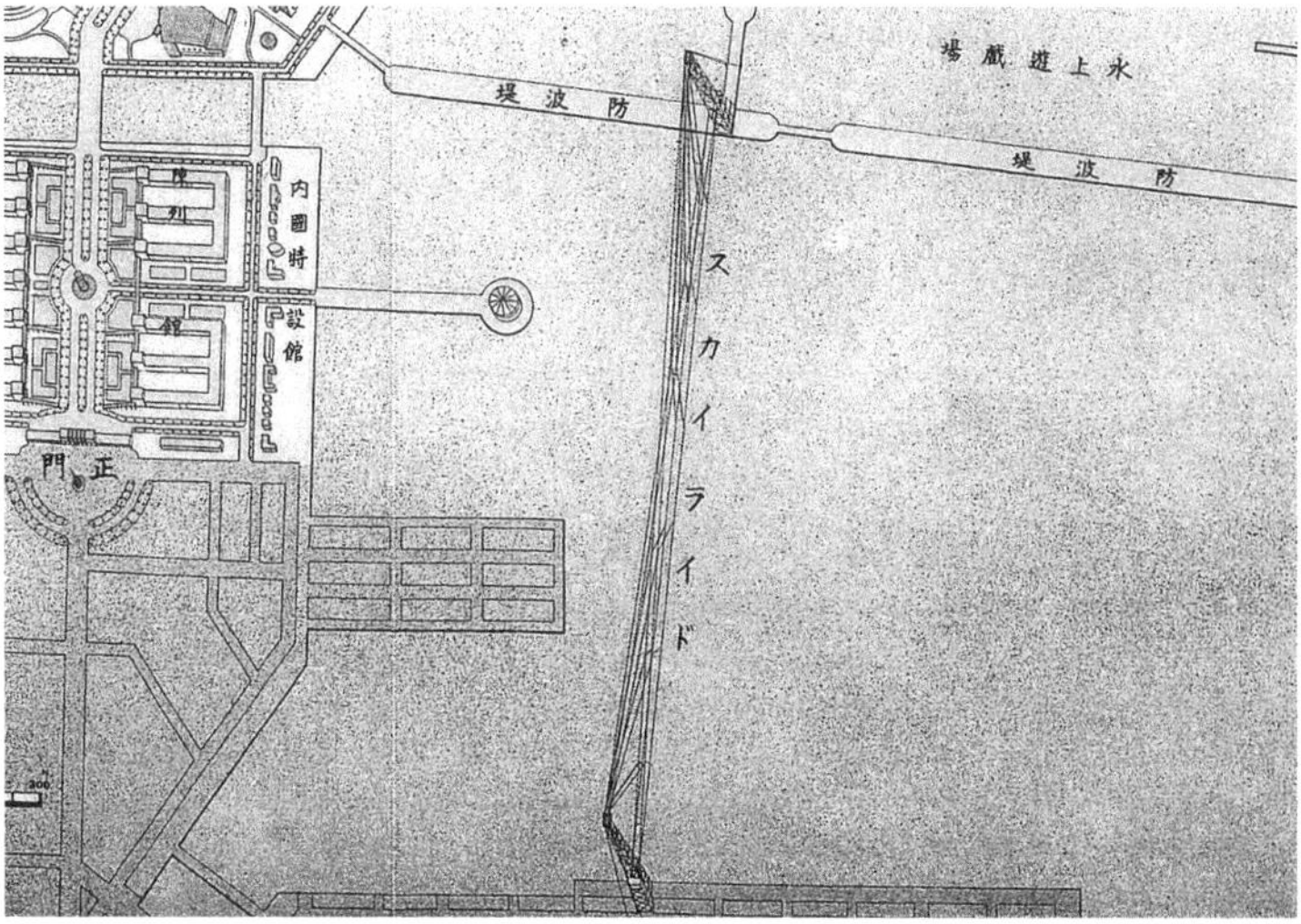

「幻の万博」におけるロープウェイ（提供：外務省外交史料館／『本邦博覧会 関係雑件 日本万国博覧会（一九四〇年）第一巻』分類番号 E-2-8-0-3_3_001） 1940（昭和15）年に開催が予定されたが延期となった「幻の万博」、紀元2600年記念日本万国博覧会の初期の会場計画案では、「スカイライド」と呼ばれる長大なロープウェイが東京湾の4号埋立地から10号埋立地側の防波堤まで架けられる予定であった。

1. ロープウェイのワンダーランド

わが国では珍しい都会のロープウェイ

消滅してからすでに六〇年以上経過しているにもかかわらず、いまだにメディアで取り上げられ、人々を魅了する「ひばり号」。それがかくも長い年月を超えて衆目を集める最大の理由は、「大都会のど真ん中」に架かるロープウェイである……という一点に尽きるだろう。

もちろん、「ひばり号」は百貨店の屋上遊園地にあるアトラクションでしかないもので、交通インフラではない。だがわが国においては、ロープウェイは山間部の行楽地などでしか見かけないものだ。都会の真《ま》っ只中《ただなか》でお目にかかれるようなシロモノではないのである。

しかし海外に目を向けてみると、市街地にあるロープウェイは決して珍しいものではない。たとえば南米ボリビアの首都ラパスには、大規模な都市交通システムとしてのロープウェイ路線網が構築されつつある。このロープウェイは、ラパスと周辺都市との間を巡る重要な交通機関だ。

標高四〇〇〇メートル近くという世界一高い場所にあるロープウェイとしても知られているが、二〇一四（平成二六）年五月末の開通式にわざわざボリビアのエボ・モラレス大統領が出席したことからも、その重要度がうかがえる。山の斜面なので坂が多く、びっしりと家や建物が建ち並ぶラパスでは、鉄道の建設は難しい。道路の渋滞も深刻化していたことから、市民の足として待望されていたのである。

ラパスのロープウェイ「ミ・テレフェリコ」（提供：世界一周フォトたび uca）　ラパスの市街と郊外を結ぶ「ミ・テレフェリコ（Mi Teleferico）」は、2014（平成26）年5月30日に開業。建物や家屋がひしめく市街の大切な交通手段として、市民に大変重宝されている。上の写真は「黄線（Línea amarilla）」のゴンドラの中から撮った風景。下の写真は同じ「黄線」の駅 Qhana Pata の街から撮った風景。どちらも2016（平成28）年の撮影。

また、東欧とアジアの境にあるコーカサス地方の国ジョージアでも、都市にロープウェイが架かっている。かつてグルジアと呼ばれ、旧ソ連の構成国だったこの国は、国土の大部分が山岳地帯である。鉱山都市チアトゥラでは一九五四（昭和二九）年からロープウェイ網が構築され、人々の暮らしを支えてきた。現在では著《いちじる》しく老朽化した光景が、一部で注目を集めている。しかし、これらを「都市交通」と呼ぶのはちょっと難しい。「都市」のロープウェイというならば、首都トビリシに架かっているものを挙げるべきだろう。また、トビリシ生まれの著名な映画監督セルゲイ・パラジャーノフの短編作品『ピロスマニのアラベスク』（一九八五）にも、同市にあるミハイル・トヴェレリ教会の間近を横切るロープウェイが出てくる。ただし、映画に出てきたロープウェイは今はもう存在していないようだ。

現在、トビリシにはいくつかのロープウェイが運行しているが、クラ川の川畔からムタツミンダ山まで上るのが人気である。真新しいボディのロープウェイに乗るため、乗り場には毎日お客の長蛇《ちょうだ》の列ができている。しかし、これは都市交通というよりも、どちらかといえば観光用の色合いが濃いもののようである。

そもそも「都市」のロープウェイを云々《うんぬん》するならば、ニューヨークの「ルーズベルト・アイランド・トラムウェイ」を挙げなければならないだろう。マンハッタン島のアッパー・イースト・サイドとルーズベルト島を、イースト川を渡るかたちで結んでいるものだ。また、ロンドンにもテムズ河南岸のノース・グリニッジと北岸のロイヤル・ドッグスを結ぶロープウェイ、「エミレーツ・エア・ライン」がある。UAE（アラブ首長国連邦）のドバイを拠点とするエミレーツ航空がネーミングライツを獲得したため、この名がつけられた。ニューヨークのものは一九七〇年代からあり、ロンドンは二〇一二（平成二四）年ロンドン五輪に合わせて作られたものだが、いずれも都市の重要な交通機関としてなくてはならないものになっている。

このように、海外においては都市のロープウェイは必ずしも珍しいものではない。しかしわが国においては、

トビリシに架かるロープウェイ（提供：ジョージア政府観光局）　トビリシに架かるロープウェイのひとつ。下に流れるのがトビリシ市街を貫くクラ川（ムトゥクヴァリ川）で、ロープウェイの左に見えるのはムタツミンダ山。その山頂にはトビリシテレビ放送タワーが建っている。画面下のユニークな形をした構造物は、2010（平成22）年に開通した歩行者専用の橋「平和橋」である。

ニューヨークの「ルーズベルト・アイランド・トラムウェイ」（Drop of Light ／ Shutterstock.com）　マンハッタン島のアッパー・イースト・サイドとルーズベルト島とを、イースト川を渡って結ぶ。アメリカでは、他にポートランドにも「ポートランド・エアリアル・トラム」という都市ロープウェイが存在する。写真は2016（平成28）年5月1日に撮影。

その例を探すのはきわめて困難である。日本における索道《さくどう》資料の決定版ともいうべき、斎藤達男の『日本近代の架空索道』（コロナ社）を調べてみても、博覧会会場内のものや遊園施設内のもの以外で都市部のロープウェイを見つけることはできない。国土交通省の鉄道局施設課に問い合わせても、同様であった。

例外として名前が挙がったのが、一九八九（平成元）年に横浜博覧会が開催された際に、横浜そごうから会場入口であるゴンドラゲートまでをつないだゴンドラリフトである。博覧会期間中だけの暫定《ざんてい》的なもので終了後は撤去されてしまったが、博覧会場内ではなく市街地を運行したものであったことは間違いない。ともかくわが国における都市部のロープウェイは、今日に至るまで唯一これだけであろうということである。

ところが近年、わが国でもあちこちでロープウェイを都市交通として利用しようという動きが出てきた。そのひとつが、先にも名前が挙がった横浜市である。同市が二〇一五（平成二七）年に策定した『横浜市都心臨海部再生マスタープラン』で、ロープウェイの整備も検討されているのだ。

また、同様の動きは九州の福岡市でも起きていた。二〇一九（平成三一）年二月、福岡市は議会に対して「ウォーターフロント地区における新たな交通システムの検討状況について」という報告を行ったが、その中にはロープウェイ導入の検討も含まれていたのである。

さらに、都市交通としてのロープウェイ導入は、地方都市ばかりで議論されている訳ではない。二〇一四（平成二六）年七月に、東京二三区のひとつ江東《こうとう》区から東京都へ二〇二〇年東京オリンピック・パラリンピック開催に向けた要望を提出。その中で、ロープウェイ計画の提案が行われていたのである。

しかし今日までのところ、それが現実のかたちとなったモノは皆無である。それゆえに、「ひばり号」は私たちに新鮮な驚きを与える存在なのだ。では、そもそもわが国においては、ロープウェイとはいかなる存在であったのだろうか。それを探るには、明治の昔にまで時代をさかのぼらなくてはならない。

横浜博覧会のゴンドラリフト（提供：三浦大介）　1989（平成元）年3月25日〜10月1日に、横浜市制100周年、横浜港開港130周年を記念してみなとみらい21地区で開催された横浜博覧会（YES'87）で、横浜そごうからゴンドラゲート（現在のけいゆう病院付近）を結ぶ交通機関として建設され、会場内には運行していない。写真は博覧会会場側から横浜そごう方面（行く手中央部に見える）に向いてのアングルで、1989年5月1日の撮影。

福岡市のロープウェイ計画イメージ図（提供：福岡市住宅都市局）　2019（平成31）年2月に、福岡市が議会に対して「ウォーターフロント地区における新たな交通システムの検討状況について」という報告を行ったが、その中にはロープウェイ導入の検討も含まれていた。この画像は、博多駅〜中央埠頭を大博通りに沿って結ぶそのロープウェイのイメージ図である。

本邦ロープウェイ事始め

ロープに吊り下げた輸送手段「索道」の一種であるロープウェイ、その定義とはどのようなものだろうか。業界団体である日本索道工業会に問い合わせてみると、「索道」の中でもいわゆる「箱（＝搬器）」を吊り下げるかたちのものは「普通索道」といわれるようだ。これは、簡単にいえばつるべのように行って帰ってくるロープウェイと、グルグル循環するゴンドラに分けられる。本書ではいささか乱暴な話で恐縮ながら、特に特記しない場合、便宜上、両者をロープウェイと総称して語ることにする。

なお、門外漢である私の最大の助けとなったのは、日本の索道に関する唯一無二ともいうべき書籍『日本近代の架空索道』（コロナ社）である。同書に掲載された略歴によると、著者の斎藤達男は「業界の生き字引」的人物のようである。本項においては、この『日本近代の架空索道』を参考にしながら話を進めていく。

さて、その『日本近代の架空索道』によれば、「一本の支索とエンドレス状のえい索によって搬器を往復させる方式」による索道の原型は、南北朝時代の「正平年間（一三四六〜七〇年）の昔にさかのぼってみることができる」とのことである。また、「吉野、飛驒《ひだ》などの山中・街道には籠《かご》渡しが存在していた」とも書いてある（歌川広重《うたがわひろしげ》の『飛驒籠渡図』の絵にもその様子が描かれている）。

しかし、今日的な意味での「索道」としては、一八九〇（明治二三）年に開通した足尾《あしお》銅山《どうざん》・細尾峠《ほそおとうげ》における索道がわが国初ということになるようだ。かつてわが国の産業を支える「日本一の鉱都」として輝かしい発展を遂げた一方で、鉱毒事件が起きたことでも知られている、あの足尾銅山である。

『広報あしお』（足尾町）平成一四年一月号〜平成一七年九月号に掲載された足尾町文化財調査委員会による連載記事『足尾の産業遺跡』を参考にして語ると、当時の足尾銅山は産銅量が増大する一方、物資の輸送に非常に苦労していた。道は馬一頭が通れる程度の幅しかないため、輸送能力の限界に達していたのである。そこで古河財《ふるかわざい》

『日本近代の架空索道』著者の斎藤達男（提供：斎藤チエ子）　わが国における索道のバイブルともいうべき『日本近代の架空索道』著者の斎藤達男は、1919（大正8）年7月、東京生まれ。1935（昭和10）年に東京鋼鉄工業（株）に開設された索道部（現・東京索道）に転属。以来、日本索道、日索工業（後の太平索道）、日本ケーブル……とキャリアを積み、日本索道工業会理事にも就任。その豊富な知識を『日本近代の架空索道』に結実させた。2014（平成26）年12月22日に死去。写真は1994（平成6）年6月23日、札幌における「撫工会」第6回全国総会にて撮影。

索道架設当時の足尾銅山（撮影：小野崎一徳／所有：小野崎敏／協力：足尾銅山・写真データベース）足尾銅山の本山坑を、出川の上流から撮影した写真である。写真左の道路にレールが見えるが、1883（明治16）年に導入されたドコビール（鉱石を輸送するためのトロッコ鉄道）のレールは、すでにここまでのびてきていた。1890（明治23）年頃の撮影。

閥《ばつ》の創業者で足尾銅山の経営者であった古河市兵衛《いちべえ》は、足尾の細尾峠～日光の難所を克服すべく外国雑誌に載っていた架空索道に注目し、その導入を決めた。それが、アメリカ製の「ハリジー式単線固定循環式」という索道だ。この細尾峠に架けられた「細尾索道（第一索道）」地蔵坂～細尾間こそが、日本最初の近代的な索道という訳である。いわば「ひばり号」の一番遠い祖先だ。

実は足尾銅山が日本の索道に果たした役割は、これにとどまらなかった。一八九八（明治三一）年、索道担当者として工学士の玉村勇助《たまむらゆうすけ》という人物が足尾銅山に入社。この人物が、日本のロープウェイを大きく飛躍させることになる。玉村は一九〇一（明治三四）年頃から玉村式索道を考案。一九〇三（明治三六）年に特許を得て、これが全国的に広く普及した。この成功から玉村は独立し、一九〇七（明治四〇）年に玉村工務所（現・日本ケーブル株式会社）を設立。貨物索道製造を開始することになる。このように、日本において索道が発展するための基礎が生まれたのが足尾銅山だったのである。

だがこの足尾銅山の「索道」は、実際のところ「ひばり号」とはほど遠いシロモノである。まず、都市部に存在している訳ではない。しかも、もっぱら貨物を運ぶだけで旅客を乗せるものではなかった。旅客を運ぶロープウェイが日本に現れるのは、その五年後の一九一二（明治四五）年のことである。

それが忽然《こつぜん》と出現したのは、足尾銅山からはるか西に離れた大阪のど真ん中。広大な歓楽街・新世界にそびえ立つ初代通天閣《つうてんかく》と、遊園施設「ルナパーク」にある白塔との間をつなぐ遊覧用アトラクションとして、旅客が乗れるロープウェイが作られたのだ。

新世界は、一九〇三年に開催された第五回内国勧業博覧会の跡地に建設されたもの。その北側にはパリをイメージした街並みを作り、道路を三方向の放射状にのばした。中心に建つのはエッフェル塔を模して作られた初代の通天閣で、その基部は凱旋門《がいせんもん》のイメージで作られた。一方、南側はニューヨークを意識して作られており、その

足尾銅山・細尾峠の貨物用索道（撮影：小野崎一徳 ／所有：小野崎敏／協力：足尾銅山・写真データベース）　足尾銅山の増大する産銅量に対する輸送能力が限界に達し、細尾峠から日光に結ぶ物流の問題を解決する必要に迫られた。そこで1890（明治23）年、細尾峠の地蔵坂〜細尾間にハリジー式単線固定循環式索道を架設。この「細尾索道（第一索道）」こそが、日本最初の近代索道である。写真は1905（明治38）年以前の撮影である。

初代通天閣とロープウェイ（提供：絵葉書資料館）
大阪の新世界「ルナパーク」のロープウェイは、1912（明治45）年7月に開業。これは、初代の通天閣にのびるロープェイの様子をとらえた絵葉書の写真である。この絵葉書自体は、明治の終わりから大正の初めの間に印刷されたものと推定される。

中心部は遊園施設の「ルナパーク」だ。そもそも「ルナパーク」という遊園施設は、東京・浅草にあった「ルナパーク」に次ぐ二代目。そのコンセプトは、どちらもニューヨークのコニーアイランドにあった遊園地「ルナパーク」から得たものである。

一九一二年七月には、新世界「ルナパーク」と通天閣が開業。前述のように、問題のロープウェイは「ルナパーク」の象徴的建物である「白塔（ホワイトタワー）」と通天閣を結んで架設されたものだった。大阪という大都会に架設されていたこと、旅客を乗せていたこと、何よりそれが一種のアトラクションであったこと……も含めて、新世界「ルナパーク」のロープウェイは、間違いなく「ひばり号」の「原型」的存在といえるだろう。

そのロープウェイは高さ四五メートルの「白塔」からほぼ同じ高さの通天閣塔基部までを結び、四人乗りの搬器二台で運行していた。しかしながら、これは「ルナパーク」用にデザインされたオリジナルなロープウェイではない。元々はイタリアのロープウェイ・メーカーであるセレッティ・タンファーニ社が開発し、一八九四（明治二七）年に開催されたミラノ博覧会の会場に架設したものと同型である。

ちなみに、セレッティ・タンファーニ社はエンジニアであるジュリオ・セレッティとヴィンチェンゾ・タンファーニの二人によって、一八九〇年にミラノで創業。偶然にも、これは足尾銅山において細尾峠に日本初の索道が架設された年である。前述のミラノ博に架設されたロープウェイは大変好評を博したようで、その後、トリノ、ジュネーブ、ウィーン、リオデジャネイロ、ブエノスアイレスなどでも披露された。このロープウェイが、はるばる日本に渡って「ルナパーク」に架設された訳だ。なおセレッティ・タンファーニ社は、現在でもイタリアでロープウェイやクレーン等港湾設備の老舗《しにせ》メーカーとして健在である。

次いで一九一四（大正三）年、東京市で開催された東京大正博覧会会場で「ケーブルカー」が運行される。この博覧会は上野公園を第一会場、上野・不忍池《しのばずのいけ》畔を第二会場、青山練兵場（現・神宮外苑）、芝浦を分会場とし

新世界「ルナパーク」のロープウェイ（提供：絵葉書資料館）　ロープウェイの4人乗り搬器を写した絵葉書の写真。後方に見えるのは、「ルナパーク」の代表的建物である「白塔（ホワイトタワー）」。この絵葉書自体は大正の初めから昭和の初めの間に印刷されたものと推定されるが、ロープウェイは大正末期までに廃止されたといわれている。

六甲ケーブルの製造元プレート（提供：森地一夫）　六甲登山架空索道（六甲ケーブル）は兵庫県六甲山に1931（昭和6）年から開業しており、六甲山上駅には製造元を示すプレートが貼ってある。「チェリッチ・エンド・タンファニー会社」と書かれているが、これは新世界「ルナパーク」のロープウェイも作ったイタリアの老舗索道メーカー「セレッティ・タンファーニ社（Ceretti Tanfani）」のことである。他に1928（昭和3）年10月に京都府比叡山に開業した叡山索道なども、同社のロープウェイを導入している。

て開催されたものだが、「ケーブルカー」はそのうち第二会場の不忍池を東西に横断するかたちで架設。ただし、その実際はあまり順調とはいかなかったようだ。博覧会オープンの三月二〇日に間に合わなかったばかりか、当時としては決して安くない片道一五銭、往復二五銭という料金をとりながら、いろいろと問題もあったようである。ただ、この「ケーブルカー」には特筆すべき点があった。中央工業所という企業が架設した、「日本人によって作られた初の旅客索道」である点が重要なのである。また、「東京」における初めてのロープウェイという点から考えると、これもまた「ひばり号」のもうひとつの「原型」というべきかもしれない。

この後、一九一五（大正四）年に安全索道商会（現・安全索道株式会社）という会社が発足。この安全索道は、現在でもわが国における索道のリーディング・カンパニーとして知られている会社だ。同社の第一号機は一九一六（大正五）年に旧満州に架設された貨物索道のようだが、一九二七（昭和二）年には三重県尾鷲町《おわせ》（現・尾鷲市）の矢ノ川峠旅客索道を架設。搬器の定員わずかに二名ではあるが、これがわが国で初めての「実用的」な旅客索道ということになる。高低差が三八二メートルという、典型的な山間部の旅客索道である。

かくして、これ以降はわが国ではもっぱら山間部においてロープウェイが架設され、市街地でロープウェイが作られる場合には博覧会会場内のような特殊な場所に限られるようになっていく。一九二八（昭和三）年、宮城県仙台市で開催された東北産業博覧会で運行された「架空ケーブルカー」などは、その代表例である。「ひばり号」のように、市街地のど真ん中でランドマークと並ぶかのごとく架設されるものは皆無だった。

それが実現するためには、ロープウェイとある人物との邂逅《かいこう》を待たねばならない。「ひばり号」の創造者であり、日本娯楽機株式会社（現・ニチゴ）社長でもあった遠藤嘉一《えんどうかいち》という人物である。

東京大正博覧会の「ケーブルカー」（提供：乃村工藝社情報資料室）　1914（大正3）年4月、東京市で開催されていた大正博覧会にて不忍池上空に運行開始する。中央工業所が架設したもので、日本人が作ったものとしては初の旅客索道である。なお、大正博覧会自体は1914年3月20日から7月31日まで開催。第1会場の上野公園と第2会場の上野・不忍池畔の間をつなぐ日本初登場のエスカレーターとこの「ケーブルカー」は、同博覧会の中で科学技術の象徴的な位置づけだった。

東北産業博覧会の「架空ケーブルカー」（提供：乃村工藝社情報資料室）　1928（昭和3）年4月15日～6月3日に宮城県仙台市で開催された、東北産業博覧会におけるロープウェイ。4線交走式20人乗りで、安全索道商会が架設した。東北産業博覧会は第1会場を仙台第二中学校（現・仙台第二高等学校）、第2会場を櫻ヶ岡公園（現・西公園）、第3会場を榴岡公園として開催されたが、ロープウェイはこの第1～第2会場を広瀬川をまたいでつないでいた。写真は対岸から第1会場側を見た様子。

2.「ひばり号」を生み出した人物

日本のロープウェイとアミューズメント産業

「ひばり号」を生み出した男……遠藤嘉一は、一八九九（明治三二）年一月八日、岐阜県揖斐《いび》郡に生まれた。

ここからは中藤保則による『遊園地の文化史』（自由現代社）と、アミューズメント業界紙『ゲームマシン』（株式会社アミューズメント通信社）に葉狩哲が一九八二年一二月から一九八四年四月にかけて連載していた「時計じかけのハート美人」を参考にして語っていくが、尋常《じんじょう》小学校を卒業した遠藤は岐阜中学校へ入学。しかし三か月で中退して、一九一一（明治四四）年七月には京都の絹製錬所に奉公に出た。

その奉公先も七年余りで辞めた遠藤は、大阪に出て兄・左一のもとで大工仕事を手伝うようになる。その後、大阪ミナミの道頓堀《どうとんぼり》で菓子屋を始めたり、神戸に移ってトアホテルのバーテンダーになったり……とさまざまな仕事に従事。実は遠藤が神戸にやってきたのは、海外渡航の夢をどうにかして実現したい……という思惑からだったのだが、それは思わぬかたちで現実のものとなる。

それは、一九一九（大正八）年に徴兵された時のことであった。大阪の第八連隊に入隊して、中国・北京《ペキン》にある日本公使館付き護衛の任務に就いたのである。遠藤はまったく想定外の方法で「海外体験」をすることになった訳だ。当時の中国では反日感情が高まっており、何かと不穏な状況だった。遠藤はそこで、主に中国側要人の護衛を仕事としていたのである。

おみくじ機と遠藤嘉一(提供：アミューズメント通信社)　1930(昭和5)年6月、上野松坂屋屋上に納めた自動おみくじ機と遠藤嘉一(おみくじ機のすぐ右に立つスーツ姿の男性、当時31歳)。おみくじ機のすぐ左に立っているメガネの人物は松坂屋の斎藤庶務部長。

北京の日本公使館(提供：愛知大学国際中国学研究センター)　北京にある日本公使館正門の様子(現在は移築されて北京市人民政府門となっている)。この公使館の建物は四代目で1909(明治42)年に竣工。元文部省技師である眞水英夫の設計である。写真は絵葉書によるもので、絵葉書の発行は明治末期から大正初期と思われる。

そんな兵役も約二年間で終わり、一九二一（大正一〇）年の秋に除隊。帰国した遠藤は、弟の百治から「ある仕事」を勧められることになる。それは医療器具卸商の仕事だ。薬の容器や体温計、水まくら、おしゃぶり……などなど、遠藤はこれらの品々を自転車に積んで、薬局や医院回りを始めた。

当初は医療器具のことなど何もわからず苦戦したようだが、徐々にお得意ができて忙しくなってくる。こうして翌一九二二（大正一一）年、大阪天王寺区逢坂《おうさか》通りに「遠藤商店」という店を構えるまでになるのだから、その働きぶりは相当のものだっただろう。この遠藤商店は、遠藤自身と弟の百治に加え、店の開設と同時に結婚することになった遠藤の妻……の三人で切り盛りされることになる。

偶然ではあるが、遠藤が店を構えた天王寺区逢坂通りとは、あの新世界の入口がある場所であった。

当時の新世界には「ルナパーク」も存在していたが、初代通天閣と「白塔（ホワイトタワー）」を結ぶ日本初のロープウェイ（P44参照）は大正末までに廃止されたといわれている。ただし、大阪府立中之島図書館の大阪資料・古典籍室によれば、その時期は確定できないようだ。橋爪紳也の『大阪モダン　通天閣と新世界』（NTT出版）には、当時、ロープウェイのケーブルが切断して落下する事故があったと記述されているが、廃止がいつだったかについてはわからない。『大阪市統計書第二〇回（大正一〇年）』の「遊技場」の表の中には「ルナパーク」のロープウェイと思われる「空中索道船」の項が存在しているので、それが一九二一年まで運行していたことは確かなようである。

したがって、遠藤が天王寺区逢坂通りに遠藤商店を構えた時には、至近距離にあった「ルナパーク」にはまだロープウェイが存在していた可能性がある。だとすると、店を出かける際や戻ってくる際に、遠藤は毎日このロープウェイを仰ぎ見ていたはずだ。後年に「ひばり号」を生み出す遠藤は、遊園施設の「ルナパーク」、さらにそこに運行していたロープウェイと運命的なニアミスをしていたかもしれないのである。

新世界・恵美須門の様子（『大阪府写真帖』〈大阪府〉より／提供：大阪府立中之島図書館）　初代・通天閣を中心にして放射状に延びている3本の通りのうち、北西側の恵美須通り入口にある門の様子。この写真下方の市電のレールが見える通りが、遠藤嘉一が店を構えた天王寺区逢坂通りと推定される。この写真が掲載された『大阪府写真帖』は1914（大正3）年発行なのでその当時の撮影と思われるが、このアングルからはロープウェイは確認できない。

看板兼自動販売機「正ちゃん」（提供：兵庫県立歴史博物館）　中藤保則・著『遊園地の文化史』に掲載されている簡易なイラストとは形状は異なるものの、遠藤嘉一開発による「正ちゃん」キャラクター使用の看板兼自動販売機の実物である。元々は、大阪の児童文化史研究家で漫画『正チャンの冒険』の研究家でもあった故・入江正彦の収集品だったもの。兵庫県立歴史博物館が2007（平成19）年にリニューアルした際に設置した、日本の子供文化の歴史を紹介する「こどもはくぶつかん」内に展示。

その遠藤商店では、遠藤と弟の百治が薬局や医院への外商を行っていた。店番はもっぱら妻の仕事である。そして、店で売る品物の中には避妊具のゴム製品もあった。しかし、まだ新婚の妻にこの手の商品について客とやりとりさせるのは酷《こく》な話である。「なんとか人を介さずに売る方法はないだろうか」と遠藤が思案を始めたことが、新しい仕事に結びつく起爆剤となった。ゴム製品用自動販売機の考案である。

時は一九二三（大正一二）年。わが国にはすでに自動販売機が存在していたが、古時計を分解してあくまで我流で試作したのが遠藤流である。後年に子供向けの仕事に関わることになる遠藤の「原点」がゴム製品自販機というのはなんとも皮肉な話だが、それはすぐに遠藤の〝次作〟に結びつくことになった。翌一九二四（大正一三）年に製作された、看板兼菓子自動販売機「正《しょう》ちゃん」がそれである。

この看板兼自動販売機は当時の人気マンガであった『正チャンの冒険』のキャラクターを拝借して作られたもので、今とは違って著作権などがうるさくなかった時代の産物である。ただ、これは〝前作〟のゴム製品自動販売機とは一線を画する。看板を兼ねているという点で「見た目」重視を前提としており、そこに人気キャラクターを使うことで「楽しさ」をも追求していたのだ。ゆえに、こちらは後に遠藤がアミューズメント産業で活躍するようになる、最初の「キッカケ」であったことは間違いないだろう。

この機械は、遠藤のビジネスチャンスを飛躍的に増大させた。同年末には江崎グリコが同機を購入し、森永製菓、新高《にいたか》製菓が後に続いたという。

また同じ年に、遠藤は東京・小石川《こいしかわ》に出張所を設ける。これには「時代の要請」という側面もあった。前年の一九二三年に南関東を中心にした地域を襲った、関東大震災の影響である。

ご存知の通り関東大震災は東京を中心とした市街地に壊滅的な被害をもたらしたが、その際に商店の屋根に取り付けてあった看板が落ちてきて多数のケガ人が出たといわれている。そのため震災以降は看板を壁にかける

「正ちゃん」製造元プレート（提供：兵庫県立歴史博物館）　53ページに掲載された看板兼自動販売機「正ちゃん」に貼られたプレート。『ゲームマシン』に連載された葉狩哲の「時計じかけのハート美人」によれば、看板兼自動販売機開発の段階で遠藤商会は「美章商会」と名称を変更して大阪市南区に移転。東京・小石川の出張所は「遠藤美章商会」という名称で設立されたとある。このプレートは、大阪市南区の「遠藤美章商会」名義のものとなっている。

関東大震災の被災状況（提供：国立科学博物館）　1923（大正12）年9月1日、南関東を中心にした広範囲な地域を襲ったマグニチュード7.9の関東大震災は、10万5000人を超える死者を出す大惨事となった。その被害の多くは大規模火災によるものだが、看板の落下による負傷者も多かったようで、それが遠藤の看板兼自動販売機の普及に結びついたといわれる。写真は元々は東京大学旧地震学教室に置かれていたもので、被災直後の浅草仲見世の様子である。

ケースが多くなってきたようだが、そうなると今度は人目をなかなか惹《ひ》きにくくなってしまう。そこで、キャラクターが目立つ遠藤の看板兼自動販売機が重宝されたというのである。想定外の商機到来だ。

遠藤はこれを機会として、販路を東京へ、そして全国へと大きく広げていくことになる。さらに、遠藤が新高製菓と組んで台湾に長期出張したのは、一九二七（昭和二）年のことだ。

そんな遠藤が次に目指したのは、いよいよアミューズメントの世界。彼はそのキッカケを宝塚《たからづか》新温泉（後の宝塚ファミリーランド）に見いだした。宝塚新温泉は、阪急東宝グループ創業者の小林一三《こばやしいちぞう》が一九一一（明治四四）年に作った大規模遊園施設。「宝塚歌劇団」発祥の地でもあり、当時としては最先端のアミューズメントパークであった。遠藤はここに神社型の「おみくじ機」を納入し、宝塚新温泉との最初のつながりを作る。

一九二八（昭和三）年には、遠藤は兄・左一とともに「株式会社日本自動機娯楽機製作所」を設立。これが後に名称変更して「日本娯楽機」となる。

こうして「おみくじ機」で宝塚新温泉と縁ができた遠藤は、そこで舶来製の遊具などを熱心に見て回った。それらの研究は、間もなくひとつの遊具として結実する。

一九二九（昭和四）年七月には、遠藤は新温泉にあったドイツ製のアヒル型の乗り物をヒントに、後に「第一号木馬」と呼ばれる自動木馬を製作。二銭のお金を入れると四〇秒間上下に動くというシロモノである。遠藤は、この自動木馬を宝塚新温泉に二台納入することに成功。これが、遠藤が開発した初めての本格的アミューズメント機器ということになる。

こうして東京進出とともに、アミューズメント産業への本格参入をスタートさせた遠藤。その次の飛躍のチャンスは、東京から遠藤のフトコロに飛び込んできた。

そのチャンスとは、銀座に巨大デパートを構えて大成功を収めていた松屋《まつや》の浅草地区進出である。

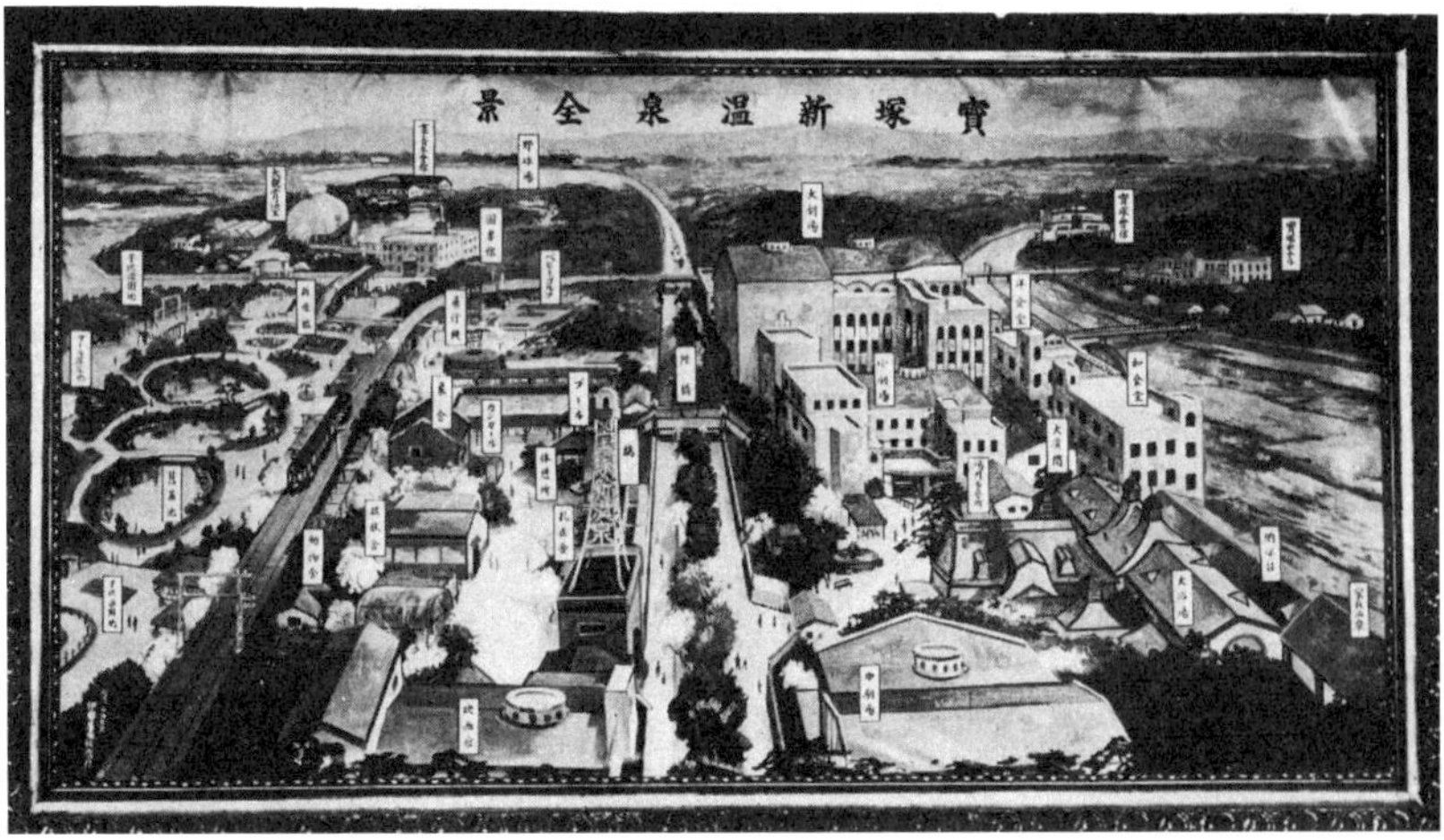

宝塚新温泉鳥瞰図（『宝塚』〈寒川松林庵〉より／提供：宝塚市立中央図書館）　1932（昭和7）年発行の『宝塚』に掲載された鳥瞰図である。宝塚新温泉（後の宝塚ファミリーランド）は、1911（明治44）年に開業。大浴場の他、食堂や演舞場、遊園施設、動植物園などを備えていた。1913（大正2）年には「宝塚唱歌隊」を結成。閉鎖した室内プールを改造した劇場で、翌1914（大正3）年より公演を行った。これが宝塚歌劇団の始まりである。

「第一号木馬」の復元レプリカ（提供：兵庫県立歴史博物館）　遠藤嘉一が宝塚新温泉に納入した「第一号木馬」の復元レプリカ。ただし、残っている資料は中藤保則・著『遊園地の文化史』に掲載された簡易イラストしかないため、大部分は推測によるものである。兵庫県立歴史博物館内の「こどもはくぶつかん」に、看板兼自動販売機「正ちゃん」と一緒に展示されている。

「スポーツランド」の「航空艇」

一九六九（昭和四四）年に発行された松屋の社史である『松屋百年史』によれば、それは東武鉄道株式会社が東京市の浅草区花川戸《はなかわど》町に新しいターミナルビルとして東武ビルを建設し、業平《なりひら》駅で止まっていた路線をこのビルまで延長するべく工事を開始したことに端を発する。

当初、このビルは一階の一部と二階を駅とその付属設備に、一階の残りの部分を地元商店の優先入居スペースとして、三階以上は貸事務室とする計画だった。ところが工事の進行中に計画が変更され、百貨店に貸すことになった。ここに進出してきたのが松屋である。こうして一九三一（昭和六）年五月、松屋は東武鉄道との間に建物賃貸借契約を締結。浅草進出へと乗り出すことになる。

浅草に乗り出すにあたって、松屋では入念な調査と準備を進めた。銀座で大成功を収めた松屋ではあったが、そのノウハウは浅草にはそのまま移植できない。値段で魅力を出す、客層の中心を婦人に加えて子供に設定するなど、売り場の設定にも工夫を凝らしたが、それらプラス・アルファの魅力をアピールする必要に迫られた。中でも浅草店での二大アピールポイントとなったのが、「直営大食堂」と「スポーツランド」である。

このうち後者の「スポーツランド」は、屋上および七階に小動物園や遊戯施設を集めたスペース。いうまでもなく、遠藤嘉一が関わることになるのがここである。

もうひとつの「直営大食堂」も浅草店が力を入れた部分である。食べ物が安くてうまい浅草への出店では、食堂の重要性は無視できない。当時の呉服店系の百貨店では、直営で店内の食堂を経営するところはなかったようだが、浅草店ではあえて直営に踏み切り、調理人の自社育成、食材の自給……など思い切った策をとることにした。さらに大阪の阪急百貨店の食堂が直営で成功していたこともあり、食堂課食堂主任の佐久間敬太郎らを関西に派遣して百貨店食堂を調査させることにした。これが、「スポーツランド」にも関わってくる。

隅田公園側から見た隅田川橋梁と建設中の東武ビル（提供：東武博物館）　浅草松屋と東武鉄道の浅草雷門駅が入ることになる「東武ビル」建設途中の様子が彼方に見える。画面下が隅田川の水面で、架かっている橋は東武鉄道を走らせるための隅田川橋梁。こちらも建設中の様子である。この橋を渡った列車は、東武ビル内の浅草雷門駅に向かう。撮影は1930（昭和5）年か1931（昭和6）年と思われる。

浅草松屋の開店広告（提供：株式会社松屋）　1931（昭和6）年10月30日付『東京朝日新聞』に掲載された、浅草松屋の開店広告。「屋上の新設備」も大きな呼び物になっている。広告左側に躍る「こども家庭博覧会」は東京日日新聞社主催によるイベントで、この博覧会も「スポーツランド」のある7階と屋上を会場としていた。「スポーツランド」は常設の遊園施設である一方、このようなイベント会場にも使われていたのである。

一九三〇（昭和五）年の年末、大阪ミナミにある日本自動機娯楽機製作所（後の日本娯楽機製作所）にひとりの男が訪ねてきた。先に述べた松屋の食堂課食堂主任・佐久間敬太郎である。例の自動木馬などで遠藤嘉一の評判は東京にもすでに伝わっていた。そこで佐久間は本業の食堂調査の傍《かたわ》ら、遠藤のもとにも足をのばした訳だ。もちろんその目的は、浅草松屋の呼び物として予定していた一大遊戯場「スポーツランド」に関する商談。これが遠藤にとって願ってもない話だったことは間違いない。東京への本格進出の足がかりになるばかりでなく、遠藤の事業をさらに新たな局面に発展させる可能性があったからだ。

「本来、うちはメーカーなんですね」と語ってくれたのは、後年の平成時代になってから日本娯楽機社長を務めた鈴木徹也（現・ニチゴグループ会長）である。「でも、モノづくりだけでなく遊園施設の運営もやっていたんです。それは浅草松屋さんの時からでしょう」

鈴木は遠藤嘉一が退いた後、一九九二（平成四）年から同社社長に就任した人物だ。そのため、遠藤とは「すれ違い」で日本娯楽機入りしたと語っている。鈴木が社長に就任した一九九二年当時、日本娯楽機は百貨店の屋上遊園地を中心に数多くの遊園施設を運営していた。その中には、浅草松屋の屋上遊園地もあった。

「おたくは何屋なんですかと聞かれれば、それはメーカーです」と鈴木は語る。「でも、途中から運営と両方を兼ねることになったんですね」

前述した葉狩哲の「時計じかけのハート美人」によれば、松屋の佐久間敬太郎からの提案は「浅草松屋のオープンにあわせて遊戯場を開設する、そこに設置する遊戯機の設定から納品まですべてを（遠藤）嘉一に任せたい」というものだったという。そこには、この遊戯場全体の「運営」も入っていたということなのだろう。

わが国における百貨店「屋上遊園地」の発祥には諸説ある（P158参照）が、本格的な「常設」のものとしてはこの浅草松屋の遊園施設「スポーツランド」が最初期のひとつと考えられる。そこに、遠藤率いる日本自動機娯

浅草松屋の開店記念パンフレット（提供：株式会社松屋）　浅草松屋の開店当時に配布された開店記念パンフレット。中央に大きく男の子と女の子のイラストが掲げられているのは、開店日の1931（昭和6）年11月1日から30日まで開催された「こども家庭博覧会」が、客寄せのためのイベントとして重要視されていたからだろう。

開店時の浅草松屋の全景（提供：株式会社松屋）　写真は当時の絵葉書からのもので、隅田川からのアングルで撮られている。地上7階・地下1階で、2階は東武鉄道の浅草雷門駅（現・浅草駅）となっているターミナルビルでもある。現在は建物全体が「浅草エキミセ」という商業施設となっている。

楽機製作所が運営から参画できるという訳である。遠藤も奮い立たずにはいられない話であった。

ただし、問題がない訳でもなかった。松屋側は大人を対象にした施設を想定しており、遊戯機そのものより「スポーツ」の視点から身体を動かすゲーム中心に考えていた。子供相手の遊戯機を作り始めた遠藤にとっては、「大人向け」という点にいくらかの不安がない訳でもない。それでも松屋の出した条件に抗することのできない魅力を感じた遠藤は、「スポーツランド」への進出を決断する。日本自動機娯楽機製作所本社は兄の左一に任せて、自身は上京して吾妻橋《あづまばし》に本拠を構えた。

こうして、浅草松屋は満を持してオープンを迎える。一九三一年一〇月三〇日と三一日の両日を招待日とし、三一日には店内の演芸場舞台開きを行い、一一月一日午前九時に開店した。

開店と同時に殺到した客が店内になだれ込み、大混雑となったことから何度かシャッターを下ろして客を整理するほどのにぎわいだったというから、同店のオープンは大成功だったといえよう。

もちろん「スポーツランド」も大盛況だった。五〇〇坪（約一六五三平方メートル）あまりもある「スポーツランド」が客で一杯になり、狭く感じられるほどだったという。「時計じかけのハート美人」によれば、遠藤は遊戯機の数々がどのように客に受け入れられるのかを、「期待と不安の入りまじった気持で眺めていた」という。だが、それは遠藤が想定していたものはまったく違っていた。

「フロアはあふれんばかりの人だかりなのに機械はガラ空きの状態」だったようなのだ。モノ珍しげに眺めてはいるが、誰かがその機械を使うのを待っている。まだアミューズメントの概念が乏《とぼ》しい時代だった、戦前の日本である。それでなくても日本人はシャイだ。人前で、大の大人《おとな》が機械相手に遊んでいるところを見られたくはなかっただろう。遠藤の不安的中である。浅草松屋としては見物人だけでも客が集まってくれれば上等だが、遠藤としては誰も使ってくれなければ商売にならないのだ。

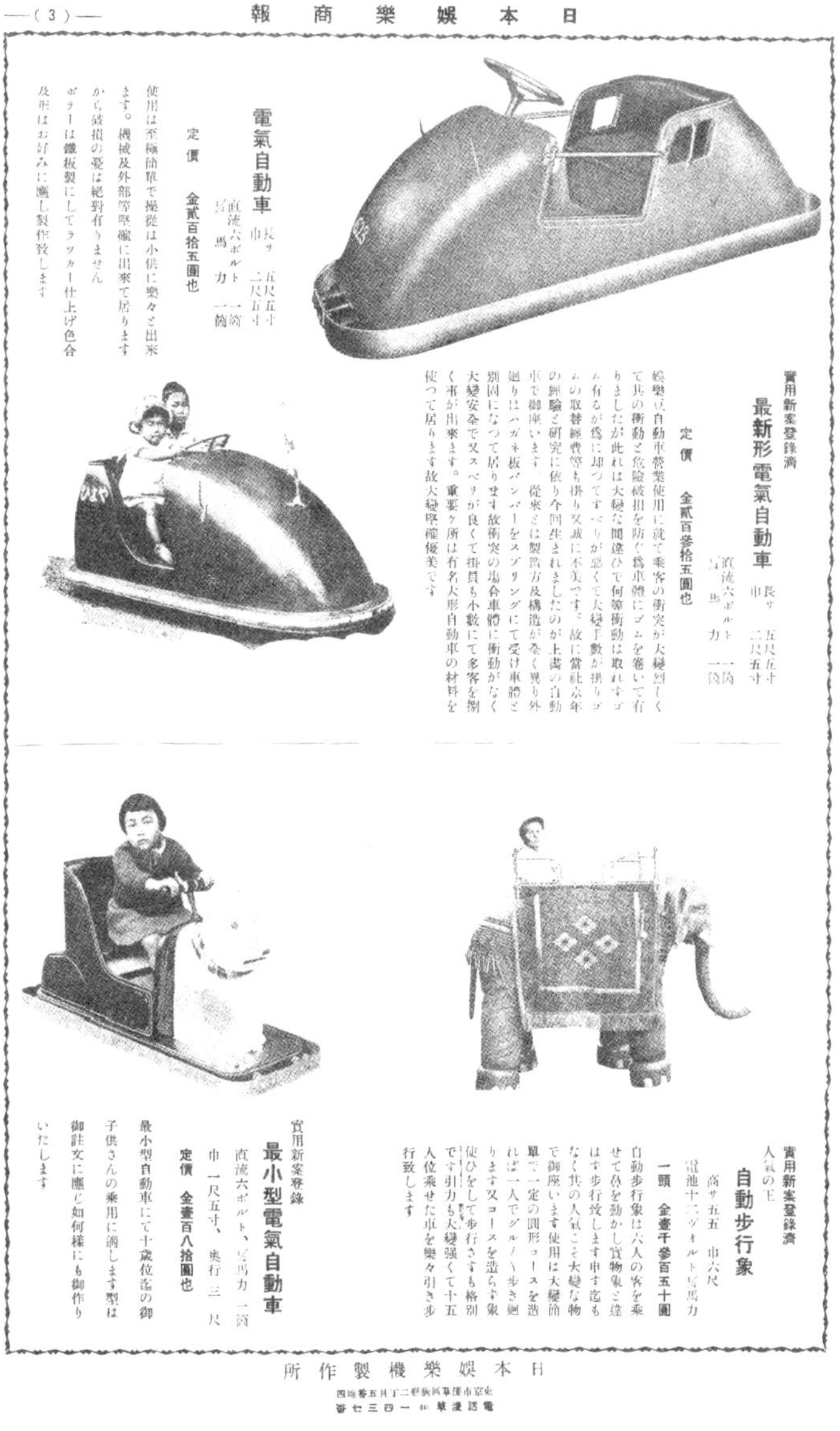
—(3)—　日本娯樂商報

實用新案登錄濟
最新形電氣自動車
長サ　五尺五寸
巾　二尺五寸
直流六ボルト　一個
½馬力　一個
定價　金貳百參拾五圓也

娛樂自動車營業使用に就て乘客の衝突が大變烈しくて其の衝動と危險破損を防ぐ爲車體にゴムを卷いて有りましたが此れは大變な間違ひで何等衝動は取れずゴム有るが爲に却つてすべりが惡くて大變手數が掛りゴムの取替經費等も掛り又誠に不美です。故に當社永年の經驗と研究に依り今回生まれましたのが上圖の自動車で御座います　從來とは製造方及構造が全く異り外廻りはハガネ板バンパーをスプリングにて受け車體と別個になつて居ります故衝突の場合車體に衝動がなく大變安全で又スベリが良くて掛員も小數にて多客を捌く事が出來ます。重要ヶ所は有名大形自動車の材料を使つて居ります故大變堅確優美です

電氣自動車
長サ　五尺五寸
巾　二尺五寸
直流六ボルト　一個
½馬力　一個
定價　金貳百拾五圓也

使用は至極簡單で操從は小供に樂々と出來ます。機械及外部等堅確に出來て居りますから破損の憂は絶對有りません
ボデーは鐵板製にしてラッカー仕上げ色合及形はお好みに應じ製作致します

實用新案登錄濟
人氣の王
自動歩行象
高サ五五　巾六尺
電池十二ヴォルト½馬力
一頭　金壹千參百五十圓

自動歩行象は六人の客を乘せて鼻を動かし實物象と違はず歩行致します申す迄もなく其の人氣こそ大變な物で御座います使用は大變簡單で一定の圓形コースを造れば一人でグルノヽ歩き廻ります又コースを造らず象使ひをして歩行さすも格別です引力も大變強くて十五人位乘せた車を樂々引き歩行致します

實用新案登錄
最小型電氣自動車
直流六ボルト、½馬力　一個
巾　一尺五寸、　奥行　三　尺
定價　金壹百八拾圓也

最小型自動車にて十歳位迄の御子供さんの乘用に適します型は御註文に應じ如何樣にも御作りいたします

日本娯樂機製作所
東京市淺草區駒形二丁目五番地
電話淺草(84)一四三七番

昭和初期の乗り物遊戯機(提供：アミューズメント通信社)　1937(昭和12)年頃に日本娯楽機製作所(日本自動機娯楽機製作所が改称)が発行した商品カタログ『日本娯楽商報』(P91参照)の内容。電気自動車やゾウの乗り物は、いずれも「スポーツランド」で人気を博した遊戯機である。おそらくこの中のどれかが、実際に「スポーツランド」でも使用されたと思われる。

この時に遠藤が「スポーツランド」のために選定した遊戯機の数々が、「時計じかけのハート美人」にリストアップされている。ローラースケート、力試し機、ボーリング、自転車競争、ボートレース競技……などなど。一見してわかる通り、いずれも「スポーツ」をコンセプトに身体を動かすゲームという、当初からの松屋の要請に応えたラインナップである。

遠藤は、この「スポーツランド」の様子を二か月黙って見ていた。しかし、状況は一向に好転しない。そこで年が明けた一九三二（昭和七）年一月、「スポーツランド」の刷新を断行する。こちらは「時計じかけのハート美人」に加えて、前述の中藤保則・著『遊園地の文化史』を参考にすると、豆汽車、豆自動車、メリーゴーランド、自動木馬、象乗り機……コンセプトを親子ともども楽しめるものに転換を図っていた。

これが、予想以上に大当たりする。客がただ見ているだけでなく、積極的に遊び始めたのである。「子供」という口実さえあれば、大人も遊ぶのだ。一〇銭でコース三周を回れる豆自動車などは、三〇台用意してあっても三〇分以上の待ち時間ができるほどだったというから、その盛況ぶりは尋常ではない。わが国の百貨店における「屋上遊園地」のコンセプトは、ほぼこの時点で固まったといえよう。

そんな具合に徐々に遠藤流の「スポーツランド」を形成していった過程で、ある注目すべき遊戯設備が浮上して来る。それは浅草松屋屋上の両端を往復するロープウェイ、その名もゴンドラ「航空艇」である。

この「航空艇」が「進空式」を行って営業を開始したのは、一九三二年六月二五日。遠藤による「スポーツランド」刷新からは半年ほど遅れての開業だが、そこにはさまざまな試行錯誤があったようだ。

前述の斎藤達男・著『日本近代の架空索道』や『松屋百年史』も参考にして探ってみると、そもそも当初の構想では、隅田川《すみだがわ》右岸の畔に建つ浅草松屋屋上から対岸の左岸にある隅田公園を結ぶロープウェイを建設しようとしていたらしい。なんとなく東横百貨店本館（後の東急百貨店東横店・東館）の屋上から山手線の線路を横切って

「スポーツランド」での豆汽車（提供：株式会社松屋）　1回10銭で2周できる豆汽車は、特に子供たちに大人気だった。柵の向こう側には隅田川と東武鉄道が走る特徴的なデザインの隅田川橋梁、さらにその彼方には言問橋も見えている。

屋上における野外納涼大会（提供：株式会社松屋）　屋上は「スポーツランド」であると同時に、さまざまなイベント・スペースとしても活用されていた。踊り子が並ぶステージ後方には、建物南端に建っていた時計塔が見える。また左側に見えるのはロープウェイ「航空艇」の乗降場と支柱である。

東横百貨店別館（後の東急百貨店・西館）の屋上に架けられた、「ひばり号」の発想を彷彿《ほうふつ》とさせるではないか。

さすがにこれでは認可をもらうのは困難ということで、次に考えられたのが、松屋の建物の周囲を一周するというプラン。これまた大胆な発想だったが、やはり市街地上空ということで保安上難しく、建築構造の面からも制約があって具体化できなかった。結局、実現したのは北東から南西に細長く延びる建物の特徴を活かして両端を往復するスタイルだが、それでも相当な話題を呼んだことは間違いない。

ただし、屋上の両端に乗降場を設けるスペースはなかった。そこで乗降場は南端にひとつだけ設けて、そこで乗って遊覧の後にまた戻ってくるものとなった。この点もまた、あの「ひばり号」と同様の仕様である。遠藤が「スポーツランド」の運営の一切を任されていたこと、「航空艇」の開業が「スポーツランド」刷新の直後であったことも含めて考えると、「航空艇」の発案は遠藤によるものと考えるのが自然だろう。

ただし、これを架設したのは遠藤の日本自動機娯楽機製作所ではなかった。玉村勇助が足尾銅山から独立して設立した玉村工務所（P44参照）を前身とする、玉村式索道株式会社の担当によるものである。「航空艇」は、索道の専門メーカーによる本格的な旅客ロープウェイだったのだ。これは前代未聞の「乗り物」を建物屋上に架設するにあたって、安全面からも万全の体制を敷いたと考えるべきだろう。

しかしながら、遠藤自身にとっては内心忸怩《じくじ》たるものがあったのではないか。元々は、自身の創意工夫でモノづくりをやってきた人物である。「航空艇」架設にあたって、彼の中では「いつかは自分の手で」という野心が芽生えたのではないだろうか。

その意味でも、「航空艇」が「ひばり号」のプロトタイプであったことは間違いないのである。

ゴンドラ「航空艇」（提供：株式会社松屋）　100メートルの長さを2台の搬器が往復する形式のロープウェイ。架設した玉村式索道株式会社の源流には玉村勇助が設立した玉村工務所があり、正確には1931（昭和6）年に東京製綱株式会社の全額出資で玉村式索道株式会社が設立され、玉村工務所はこれに吸収されるかたちとなった。足尾銅山出身の玉村勇助の流れを汲むという意味で、「航空艇」は日本のロープウェイの本流にあるといえる。

「スポーツランド」から見た「航空艇」（提供：東武博物館）　屋上「スポーツランド」から見た「航空艇」の様子。写真左端が建物の南側に作られた乗降場である。途中に小動物園などがあって、その上を2台の搬器が動いているのがわかる。

COLUMN

「ひばり号」が浮かんだ空（2）

ラパスのロープウェイ交通網

2014（平成26）年に開業したボリビアの首都ラパスの「ミ・テレフェリコ（Mi Teleférico）」は、世界で最も高い場所に架けられたロープウェイとして有名である。

標高約3600メートルの街ラパスは、山の斜面に建物がビッシリと建ち並んでおり、鉄道を敷設する余地はない。しかも、道路も渋滞が深刻化して、社会問題となっていた。その打開策となったのがこのロープウェイ……という訳である。

最初にラパスとエルアルトとを結ぶロープウェイが架設され、2014年5月30日に開かれた開業セレモニーには、エボ・モラレス（Evo Morales）大統領とアルバロ・ガルシア・リネア（Alvaro Garcia Linera）副大統領のボリビア首脳2名が出席。そのことだけでも、このロープウェイ開設がいかに同国にとって重要なことかおわかりいただけるだろう。他所のロープウェイとは、切実さの度合いが違うのだ。

搬器1台は10人乗りで、1日に17時間運行。この開通によって交通の便が良くなっただけでなく、新たな雇用が生まれて治安も良くなっているということだから、まさに一石二鳥以上のメリット創出である。

路線はそれぞれ色分けされており、どんどん増えて2020（令和2）年現在では実に9本。さらに拡張中という、発展途上のロープウェイである。

下には家屋がひしめいている。

「緑線（Línea verde）」の終着駅イルパビ（Ipravi）の外観。

（提供：世界一周フォトたび uca）

第**3**章

昔むかし、渋谷駅で

To-Yoko Department Store and Tokyo-Yokohama Electric Railway Start

Under Direct Management of Tokyo-Yokohama Electric Railway Co., Ltd. Situated at Shibuya, one of the Three Great Thriving Centres of the Metropolis, Characterized as a *Terminal* Department Store.

英字誌に紹介された東横百貨店と東横線渋谷駅（『THE JAPAN MAGAZINE』Olympic Number／1936（昭和11）年 No.1～2〈ジャパン・マガジーン社〉より）　1940（昭和15）年開催予定の「幻」の東京オリンピック開催を特集した英字誌に掲載。東京のデパート紹介の一部。ここでは、渋谷のことを「首都の三大繁華街のひとつ」と表現している。

1. ハチ公は見ていた

渋谷という特異な駅の成り立ち

都会におけるロープウェイというユニークさ、生みの親である遠藤嘉一の波乱の人生……今も人々の興味を惹《ひ》く「ひばり号」には、これらの興味深い要素が絡んでいた。だが、まだいくつか重要なことを語っていない。そのうちのひとつは、「ひばり号」が存在していた東京の「渋谷」という要素である。

東京以外の人々だけでなく東京に生まれ育った人間にとっても、渋谷という街は一種独特な場所に思える。そこに生まれ育っていない人々にとって、不思議な何かを感じさせるのが渋谷という街なのである。先端文化が花開き、常ににぎわいを見せている街。そして、いつ訪れても街の様相がダイナミックに変化して、絶え間ない進化を続ける街。それが渋谷という街である。

その中心である渋谷駅は、JR東日本、京王井《い》の頭《かしら》線、東急、東京メトロの四社の鉄道が乗り入れるターミナル駅である。単に何社かの鉄道が乗り入れるターミナル駅や巨大な駅というだけなら、東京にも他にいくつも存在している。しかし渋谷駅では、各線が高架になったり地下に潜ったりして不自然なかたちに交差している。たとえば東京メトロ銀座線は地下から飛び出し、「地下鉄」なのにこの駅の地上三階に到着するという案配である。南北に延びる谷の底にあるという立地条件が、この駅全体に奇妙な印象を与えているのだ。

そのせいもあってか、渋谷駅とその周辺は次々と改良を重ねて増改築を続けていくように見える。それが、こ

渋谷スクランブルスクエア完成間際の渋谷駅周辺　かつてあった東急百貨店東横店・東館(旧・東横百貨店本館)が解体された後に建設された、渋谷スクランブルスクエア(渋谷駅街区)東棟が完成に近い状態である。さらに複雑化していく渋谷駅周辺ではあるが、これもまだ同地域再開発の途中段階でしかない。2019(令和元)年8月22日に撮影。

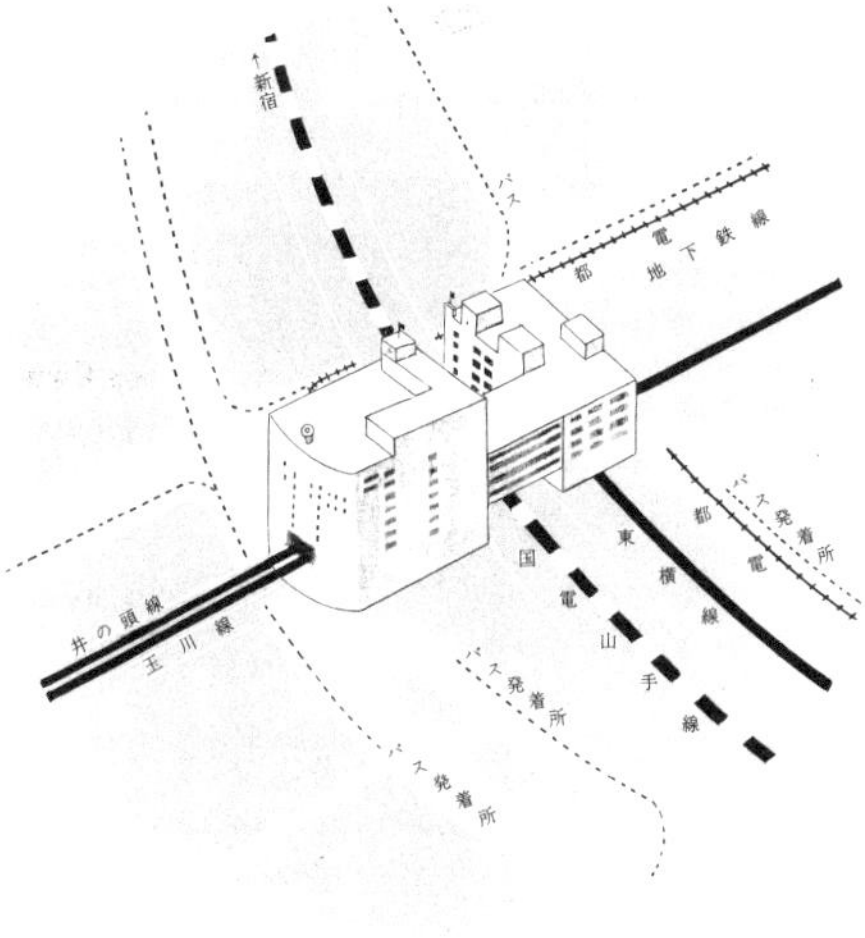

東急会館オープン時の渋谷駅周辺図
(『東横百貨店新館完成記念　伸びゆく東横』〈東横百貨店〉より／提供：清水建設株式会社／協力：東急株式会社)　1954(昭和29)年11月20日の東急会館(東横百貨店新館、後の東急百貨店東横店・西館)オープン記念冊子に、「ターミナル東横」というタイトルで掲載された渋谷駅と東横百貨店のイメージ図。渋谷駅と東横百貨店を中心にしてさまざまな鉄道が交錯する様子は、消滅した玉川線と都電を除いてはほぼ2019(令和元)年時点と同様である。

の街の「絶え間ない進化」の一因となっているのだろう。渋谷は何度も「再開発」を繰り返しており、よそ者にとっては常に休みなく街のあちこちで工事を続けている印象がある。

だが、そんな渋谷駅の成り立ちは、いたって簡素なものであった。

ここからは『渋谷駅100年史』（日本国有鉄道渋谷駅）や中林啓治の『記憶のなかの街 渋谷』（河出書房新社）、さらに巴川享則の『渋谷駅とその周辺 懐かしの電車と汽車』（多摩川新聞社）などを参考にして駆け足で話を進めていくが……一八八五（明治一八）年三月一五日、日本鉄道会社による品川～赤羽《あかばね》間の品川線開通に伴い、新宿、板橋、赤羽と同時に渋谷停車場が開業した。それは前述したように、日本初の索道《さくどう》が足尾銅山・細尾峠に開通した一八九〇（明治二三）年（P42参照）を、遡《さかのぼ》ること五年前のことである。

当時の渋谷駅の駅舎は木造平屋建てで、中央に入口と待合所、左側に出札所、小荷物室、駅長室、右側に二等待合室と貨物扱所がある程度のもの。職員は駅長を含めて六人という、今日の渋谷駅から想像もつかないこぢんまりとしたものであったようである。

時刻表によれば上り下りとも午前一回、午後二回しかなかったというのだから、そののどかさがうかがえよう。ちなみに『渋谷駅100年史』によれば、一八九七（明治三〇）年頃の日本鉄道会社の旅客運賃は渋谷から目黒までが三銭、渋谷から品川が四銭であったという。

なお、渋谷駅は品川線の一環として生まれたものだが、一九〇三（明治三六）年四月一日には田端《たばた》～池袋間に日本鉄道会社の豊島《としま》線が開業。この豊島線と品川線とを合わせて山手線と改称したということだ。東京の都心部をぐるりと回る、あの有名な路線のことである。ただし、まだこの時点では山手線は「環状」にはなっていない。また、「山手線」の呼称は以前からあったともいわれており、「やまのて」「やまて」の読み方の違いなども含めてさまざまな変遷がある。

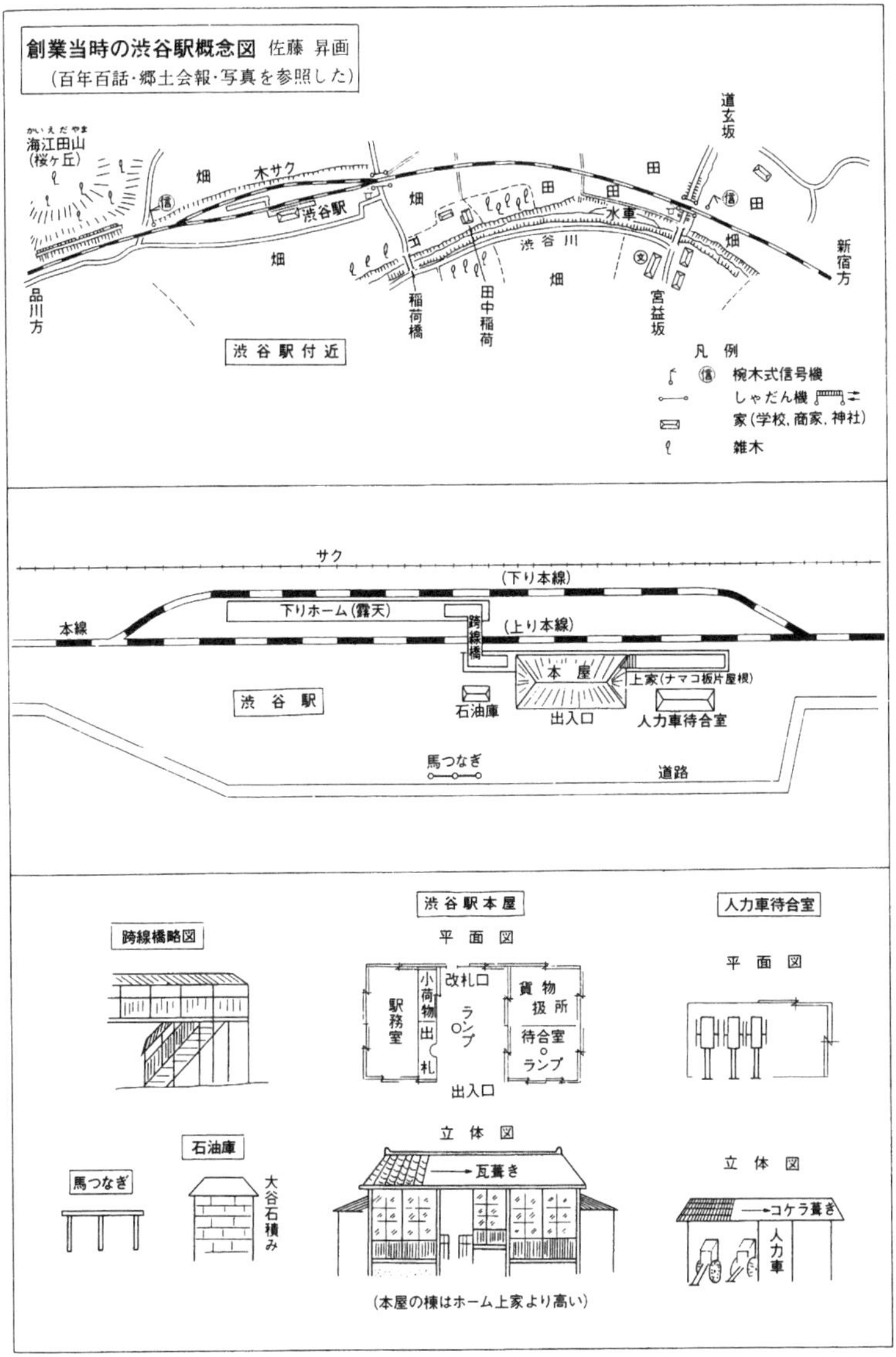

創業当時の渋谷駅のイメージ(『渋谷駅100年史』〈日本国有鉄道渋谷駅〉より／協力：東日本旅客鉄道株式会社)　加藤一郎の『郷土渋谷の百年百話』、『渋谷郷土研究会会報』(どちらも渋谷郷土研究会発行)や写真などをもとに、渋谷区教育委員会教育指導員だった佐藤昇が作成した図である。開通当時の渋谷駅は、非常に素朴でのどかな駅であった。

一方、一九〇三年にひとつの私設鉄道会社が設立される。その名は玉川電気鉄道、いわゆる「玉電」である。

これが一八九六（明治二九）年に鉄道敷設の出願がなされた際の商号は、「玉川砂利《じゃり》電気鉄道」というものだったようだ。日清戦争（一八九四〈明治二七〉～九五〈明治二八〉年）の後、東京市内では建設ブームが盛り上がっていた。そこで土木・建築に必要な砂利や砂を多摩川から東京市に運搬することを第一の目的に、この鉄道を設立させることになったのだ。だから、当初は旅客輸送がメインではなかった。この「玉電」こそが「ひばり号」の誕生と終焉《しゅうえん》に深く関わってくる存在なのだが、それはまだずっと後の話である。

一九〇六（明治三九）年には「鉄道国有法」が公布され、日本鉄道会社が国有化する。翌一九〇七（明治四〇）年には玉電の道玄坂上《どうげんざかうえ》～渋谷間が開通し、山手線の駅から少し離れた場所に渋谷駅を開設した。さらに一九一一（明治四四）年には、東京市電（前身は東京鉄道会社、後の都電）が渋谷駅そばの宮益坂《みやますざか》下に停留所を開設。徐々に渋谷駅は、後年の「ターミナル駅」としての体裁を整えていく。

それとほぼ同じ頃、その渋谷からはるか西の大阪・新世界では一九一二（明治四五）年に「ルナパーク」と通天閣が開業。その両者をつなぐ、日本最初の旅客用ロープウェイも運行開始していた（P44参照）。

そして、渋谷駅にエポック・メーキングな出来事が起きる。

一九二〇（大正九）年に、山手線・渋谷駅の改良工事が行われたのだ。高架化が完成するとともに駅が北に約五〇メートル移動し、玉電の乗り場が至近距離となった。これが、現在の渋谷駅の基礎となったのである。

その時期はまた、「ひばり号」生みの親である遠藤嘉一が徐々に頭角を現し始めた時代でもあった。一九二二（大正一一）年には大阪天王寺区逢坂通りに「遠藤商店」を構え、一九二三（大正一二）年にはゴム製品用自動販売機を考案、一九二四（大正一三）年には看板兼菓子自動販売機を開発……。渋谷駅が今日の形の基礎を築いたこの時期に、遠藤の仕事内容もめざましい進化を遂げていた（P54参照）。

玉川電気鉄道と渋谷砂利置場（提供：白根記念渋谷区郷土博物館・文学館）　写っている列車は、玉川電気鉄道創業時の木造ボギー車。線路の奥が渋谷終点、右手前には砂利山がある。左奥に見える屋根は渋谷小学校（現・渋谷第一小学校）の建物。1909（明治42）年頃の撮影。

大正末期の渋谷駅（提供：白根記念渋谷区郷土博物館・文学館）　1920（大正9）年以降の撮影。同年頃に駅舎改築があり、木造のとんがり屋根が特徴的な二代目駅舎が完成した。右端の東京市電は、1923（大正12）〜24（大正13）年に作られた木造3000形。同じく写真右側に見える建物は、玉川電気鉄道の本社である。

そしてこの時期には、後に渋谷駅にとって重要な意味を持つ出来事もあった。一九二三年一一月、秋田県大館《おおだて》市で生まれた一匹の牡《おす》の秋田犬《あきたいぬ》……「忠犬」として名高いハチ公の誕生である。その頃、たまたま東京帝国大学農学部の教授である上野英三郎《うえのひでざぶろう》博士が飼い犬を探しており、縁あってこの子犬が上野博士のもとに送られることになった。かの有名なハチ公の物語でご存知の通り、上野博士はハチ公を大層可愛《かわい》がり、ハチも博士の送り迎えをするようになった。その送り迎えの場所こそが、他でもない渋谷駅である。だが、一九二五（大正一四）年五月二一日に悲劇が起こる。ハチに送られて出勤した大学で、上野博士は急逝してしまうのだった……。

そんな一九二五年の一一月には、山手線がついに環状運転を始める。今日、我々が知る東京の「山手線」の形がこの時点ででき上がった訳だ。山手線も渋谷駅も、さらに進化を続けていた。

さらに一九二七（昭和二）年八月、渋谷駅にまたしても「新顔」の鉄道が登場する。東京横浜電鉄（現・東急東横線）の渋谷開通である。

東京横浜電鉄は一九二六（大正一五）年にすでに神奈川〜丸子多摩川（現・多摩川駅）間を運行しており、目黒〜蒲田《かまた》間を運行する目黒蒲田電鉄目蒲線と相互乗り入れを行なっていた。その東京横浜電鉄が、丸子多摩川〜渋谷間を開通させることで渋谷〜神奈川間の直通運転を開始した。これが「東横線」の始まりである。横浜というモダンでハイカラな街と直結したこと、さらに沿線に新たな住宅地が造成されていったことが、後々の渋谷駅や渋谷という街のキャラクター形成に大きな影響を与えていくのである。

この東京横浜電鉄の渋谷開通によって、「ひばり号」登場のための「役者」はほぼ揃った。

ここまでの過程でもおわかりのように、素朴で簡素な停車場だった渋谷は徐々にその姿を変貌させ、後年の「ターミナル駅」としての片鱗《へんりん》を見せるようになっていく。その進化の過程で生まれた複雑な構造が、渋谷駅をして他の東京の駅にはない特異なイメージを生み出してきたのである。

上野博士とハチ公像（提供：森田友美子）　ハチ公は1924（大正13）年1月に東京帝国大学農学部教授の上野英三郎博士の家で飼われるようになり、同年7月頃から博士の送り迎えをするようになったという。この像はハチ公没後80年を記念して、2015（平成27）年3月8日に東京大学農学部キャンパス内に設置されたもの。名古屋市在住の彫刻家・植田努の制作。2019（令和元）年7月25日撮影。

開業当時の東京横浜電鉄・渋谷駅（提供：東急株式会社）　東京横浜電鉄は、1927（昭和2）年8月28日に渋谷に開通した。開業当時、東京横浜電鉄の渋谷駅は、鉄道省線（後の国鉄）の駅と渋谷川の間の狭い場所にある高架駅だった。この写真はその1927年の撮影である。

ハチ公像と東横百貨店

渋谷駅といえば、今や欠かすことができないのが「ハチ公像」である。

前述したように、一九二五（大正一四）年五月二一日に飼い主である上野英三郎博士が亡くなった。上野博士の没後にハチは別の家にもらわれていったようだが、訳あって戻され、次には浅草に住む植木職人の家に飼われることになった。そのあたりから、例の有名な「ハチ公伝説」が生まれることになった訳だ。上野博士が帰宅していた時刻に、渋谷駅でハチの姿が頻繁《ひんぱん》に見かけられるようになったのである。

そんなハチの物語が、一気に全国区になる日がやってくる。

一九三二（昭和七）年一〇月四日付東京朝日新聞に、「いとしや老犬物語」と題してハチの忠犬エピソードが掲載されたのだ。これが大きな話題を呼んだ。そこからハチ公人気に火がついて、修身の教科書に載ったり映画に出たり、果ては海外にもその評判が伝わるほどの「話題の犬」となっていく。

そして、ハチ公が飼い主を喪《うしな》ってから「話題の犬」になっていた頃、渋谷駅ではもうひとつの動きがあった。それは東京横浜電鉄による百貨店出店計画である。

ここからは『東京急行電鉄50年史』を参考に話を進めていくが、その発端は一九二七（昭和二）年の「東横食堂」の開業にあった。この東横食堂とは東京横浜電鉄によって同線渋谷駅の二階に作られたもので、東京で初めての私鉄直営食堂である。「東京で初めて」とあえていう理由は、阪急電鉄が大阪の梅田駅において一九二〇（大正九）年に開業した「梅田阪急食堂」をモデルにしていたからだ。

この阪急食堂は開業後たちまち大人気となり、後に「阪急マーケット」、さらには一九二九（昭和四）年開業のターミナルデパート「阪急百貨店」の母体となる。その後、東京で松屋が浅草店を開店させる際に、わざわざ社員を関西に派遣して阪急百貨店の食堂を偵察させた（P58参照）ことは前述の通りである。そのことからも、阪

東京朝日新聞　（火曜日）

いとしや老犬物語
今は世になき主人の歸りを
待ち兼ねる七年間

弱いもの虐め

大切な育ての

心根を憐れみ

ハチを紹介した新聞記事（1932〈昭和7〉年10月4日付『東京朝日新聞』より／提供：国立国会図書館）　ハチのことを知っていた日本犬保存会初代会長の斎藤弘吉による情報提供によって書かれた記事で、「雑種」であると書かれたり（10月8日付の同紙ですぐに訂正された）、上野博士が亡くなった時期などいくつかの誤りはあるものの、この記事によって初めてハチの物語が世間に知られることになった。

建設中の東横百貨店（提供：東急株式会社）　鉄道の運行や駅、各店舗の営業を止めることなく、建設を続けていた東横百貨店（後の東急百貨店東横店・東館）の様子。横切っているのは山手線の電車で、画面左手が新宿方面である。1934（昭和9）年7月の撮影。

急食堂の人気がいかに高かったかがうかがえるだろう。

渋谷駅の東横食堂は非常にこぢんまりしたスタートだったようだが、こちらもすぐに好評を博するようになる。これを拡張したり売店を開業したりするうちに、いよいよ百貨店開店の機運が高まってきた。こちらも、大阪における阪急食堂～阪急百貨店のパターンを踏襲した訳である。

当時は東京横浜電鉄沿線の開発が急速に進められて、それに伴って郊外居住者のために新たなショッピング施設が必要となってきていた。さらに沿線人口が増加し続けているにもかかわらず、当時の東京西南部の玄関口である渋谷駅の施設が貧弱であったことも、この百貨店建設計画を後押しした。近代的な百貨店建設のタイミングで、渋谷駅の大改造も行ってしまおうという訳である。二一世紀の今日に至っても駅周辺で慌《あわ》ただしく行われている、「渋谷再開発」のはしりとでもいうべき発想だ。

かくして東京横浜電鉄専務の五島慶太《ごとうけいた》の決断により、一九三三（昭和八）年四月に百貨店の建設に着手。山手線、玉川電気鉄道天現寺《てんげんじ》線、東京市電に囲まれた土地に建つ、文字通りのターミナルデパートである。各鉄道の駅舎や東横食堂などが営業を継続しながら工事を進めなくてはならないため、その作業は困難をきわめた。しかし一九三四（昭和九）年一〇月二五日、地下一階、地上七階の東横百貨店が竣工《しゅんこう》する。その東横百貨店が開業したのは、同年一一月一日のことだ。

それに先立つ一九三三年八月には、帝都電鉄（現・京王井の頭線）が渋谷を起点に井の頭公園まで開通。これによって渋谷駅には、今日私たちが知っている「あの」渋谷駅の基礎ができあがってきた。だが、東横百貨店開店の数か月前に、もうひとつ渋谷駅を渋谷駅たらしめる出来事があった。

それは、ハチ公像の登場である。

例の「いとしや老犬物語」記事で一躍人気者となったハチだったが、ついには銅像を作るという前代未聞の話

開業直後の東横百貨店（提供：東急株式会社）　1934（昭和9）年11月1日、東横百貨店（後の東急百貨店東横店・東館）が開店。渋谷初の百貨店であり、いわゆるターミナルデパートでもある。店の壁面に「開店売出」の文言があることから、まだ開店してまもない時期の撮影とわかる。

東横百貨店開店直前（右）・直後（左）の新聞広告（右・1934〈昭和9〉年10月31日付『東京朝日新聞』より／左・同年11月3日付『東京朝日新聞』より／提供：国立国会図書館）　東横百貨店（後の東急百貨店東横店・東館）の開店直前（右）・直後（左）の広告である。直後の広告にある「ナショナル金銭登録器株式会社」は現在の日本NCR株式会社のことで、最新型キャッシュレジスターを全館配備というのが「売り」となっていた。

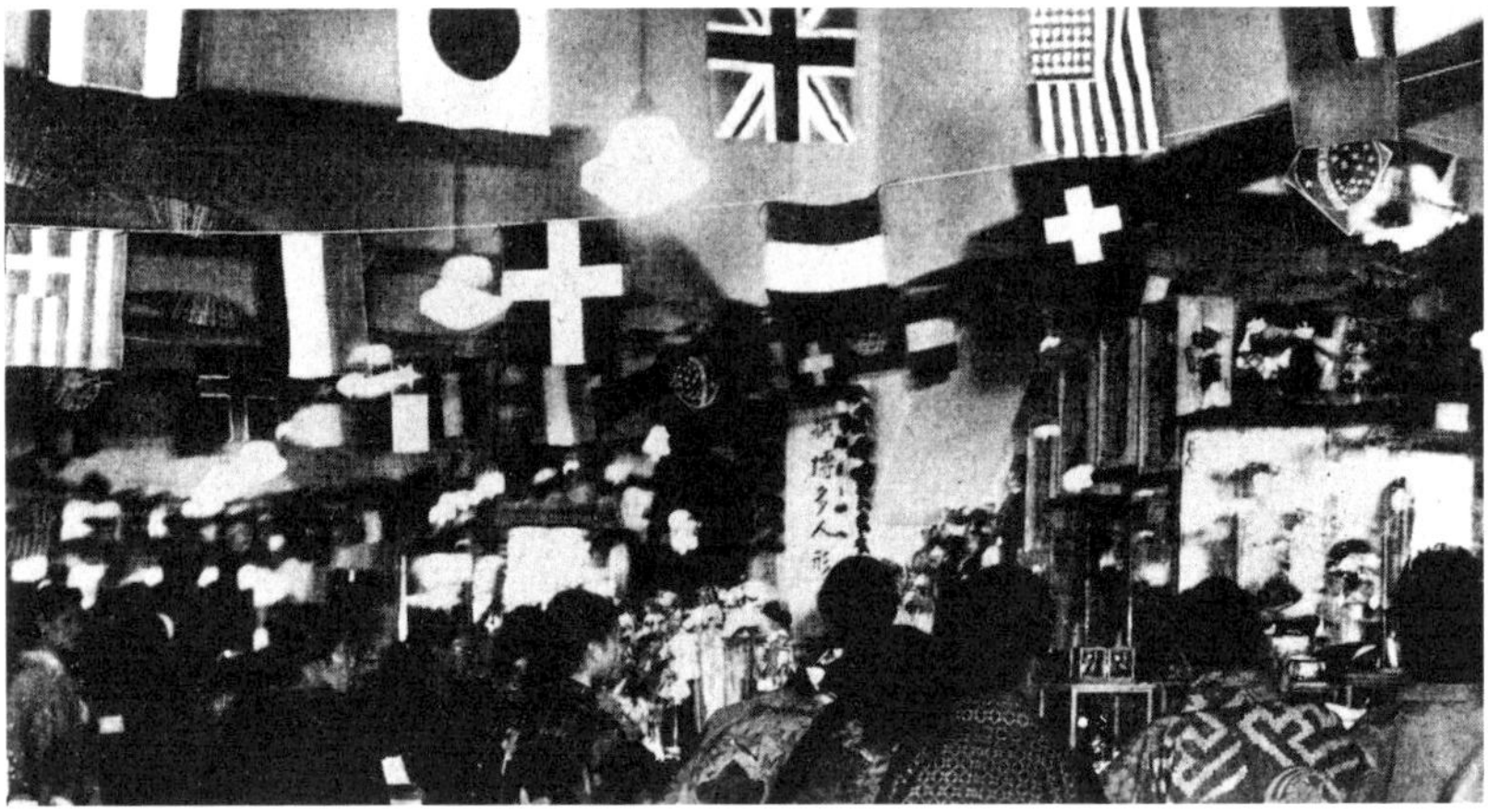

開業日の東横百貨店店内（提供：東急株式会社）　1934（昭和9）年11月1日の開業日における、東横百貨店（後の東急百貨店東横店・東館）店内の様子である。同店舗は開業時より好調な売上げを示し、開店した11月には13万970円を計上。同じ月の東横線の運輸収入13万4900円と肩を並べて、東京横浜電鉄の中心事業となった。

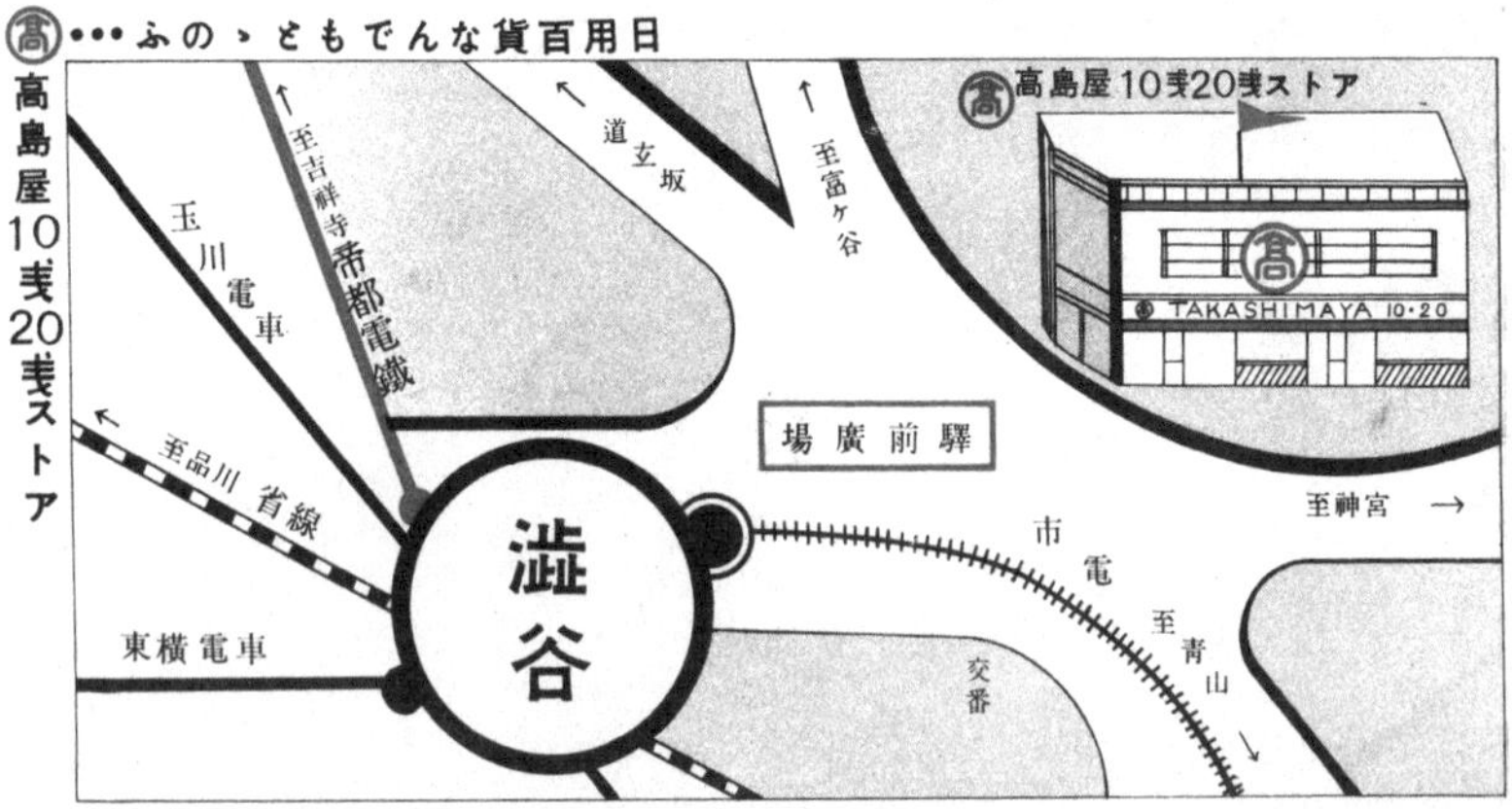

帝都電鉄参入後の渋谷駅マップ（提供：曽我誉旨生／『井の頭へ　帝都電鐵』〈同社パンフレット〉より）　このマップは髙島屋の広告を兼ねたものだが、さまざまな路線が錯綜する渋谷駅の状況がうかがえる。中に描かれた「髙島屋10銭20銭ストア」とは、1926（大正15）年に同社大阪長堀店の「なんでも10銭均一売場」が発端となり、1931（昭和6）年にはチェーン展開となった。いわゆる今日の「100円均一」店のはしりである。このマップが掲載された帝都電鉄パンフレット自体は、1934（昭和9）年の秋に発行されたもの。

ハチ公像の作者・安藤照(提供：朝日新聞社)　ハチ公像を制作中の彫刻家・安藤照。安藤は1892(明治25)年、鹿児島市新屋敷町生まれ。鹿児島市立美術館横の「西郷隆盛像」が代表作として知られている。ハチ公像は「忠犬ハチ公」を世に知らしめた日本犬保存会の斎藤弘吉と知己であったことから制作することになった。1945(昭和20)年5月25日、東京における空襲にて死去。

企て
[illegible]かる

を出現した、たまりかねた乗客中には早速新橋運輸事務所長へ直接抗議を申込んだものさへある始末だ

×　×

鐵道當局でも非常な危険を感じてゐるので何とか新車輛と替へたいと思つてゐるのですが、何しろ改良費が不足なので、現在の所如何とも仕様がありませんと悲鳴をあげてゐる

銅像に輝く ハチ公の姿
ハチ公キヨトン

澁谷驛頭のハチ公の銅像が出來上つてその除幕式が二十一日午後一時から行はれた、驛前はハチ公ファンの少年少女や乘降客などで身動きも出來ぬ位の人出、主人公のハチ公は紅白の布を身に飾られて怪げんさうに、この有様を見てゐる　同驛貨物ホームに設けられた第一式場でまづ板垣農大教授の挨拶があり、神主の祝詞があつて、吉川澁谷驛長が銅像建設までの經過を報告した後、除幕に移り故上野博士の令孫久子(一一)さんの手で幕がとられ、亡き主人を待つ銅像のハチ公の姿が現れると、群集は今更の如く感激にどよめいた、外務省では諸外國に傳へる爲この情景をトーキーに收め午後二時式を終つたが、この日澁谷驛で記念スタムプを發行するし付近の商店ではハチ公せんべいを始めハチ公と銘うつた賣だしに景氣を添へた

＝除幕されたハチ公銅像、圏内はハチ公＝

ハチ公像の除幕式(1934〈昭和9〉年4月22日付『東京朝日新聞』より／提供：国立国会図書館)　1934年4月21日午後1時より行なわれた、ハチ公銅像除幕式を報じた新聞記事。除幕を行ったのは、故・上野博士の令孫・久子11歳。文部省、外務省、鉄道省からも人が参列し、ハチ公ファンおよそ300余名が集結するという大々的なセレモニーとなったようである。

が持ち上がったのである。そもそもは朝日新聞に「いとしや老犬物語」が掲載されるきっかけを作った日本犬保存会初代会長の斎藤弘吉《さいとうひろきち》に、その知人だった彫刻家の安藤照《あんどうてる》がハチの銅像を作りたいと語ったのが発端である。例の記事発表二年後の一九三四年一月には、銅像建設の募金が始まっていた。

こうして同年四月二一日、渋谷駅前にハチ公像が設置され、その除幕式が行われることになった。そのセレモニーは、当時の渋谷駅の駅長が銅像建設までの経過を報告するためにわざわざ登場し、外務省がこの模様を海外に伝えるべくトーキー映画に撮影するという大々的なもの。単なる動物の銅像が建つというだけでも異例だが、諸般の事情もあって生前にその像が設置されるというのも異例。当のハチ公自身も紅白の布を身に飾られ、そのセレモニーに参列させられて怪訝《けげん》そうな顔をしていたというのだから、なんとも奇妙な光景であったはずだ。付近ではこのブームに乗じて、ハチ公のブロマイドをはじめ「ハチ公せんべい」「ハチ公チョコレート」などを売り出す始末。ハチ公としては人間の思惑などわかるはずもないのだから、怪訝な顔は無理もないのである。

なお、この時にハチ公像が設置されたのは、渋谷駅の玄関口すぐ近く。現在のＪＲ渋谷駅ハチ公口よりも、やや南側に設置されたという。

そんなハチ公像の設置から、ますます人気はうなぎ上り。だが、一九三五（昭和一〇）年三月八日早朝に事態は急転する。普段は行かなかった駅の反対側、駅から離れた稲荷橋付近の滝沢酒店北側路地入口で、ハチがひっそりと死んでいるのが発見された。享年一三。死因は心臓の病であるという。

「忠犬」の死のインパクトはまさに絶大。八日午後から渋谷駅の銅像前でハチの葬儀が行われたが、人間並みどころか人間以上の盛大さとなる。しかし、「ハチ公伝説」はまだ始まったばかりであった。

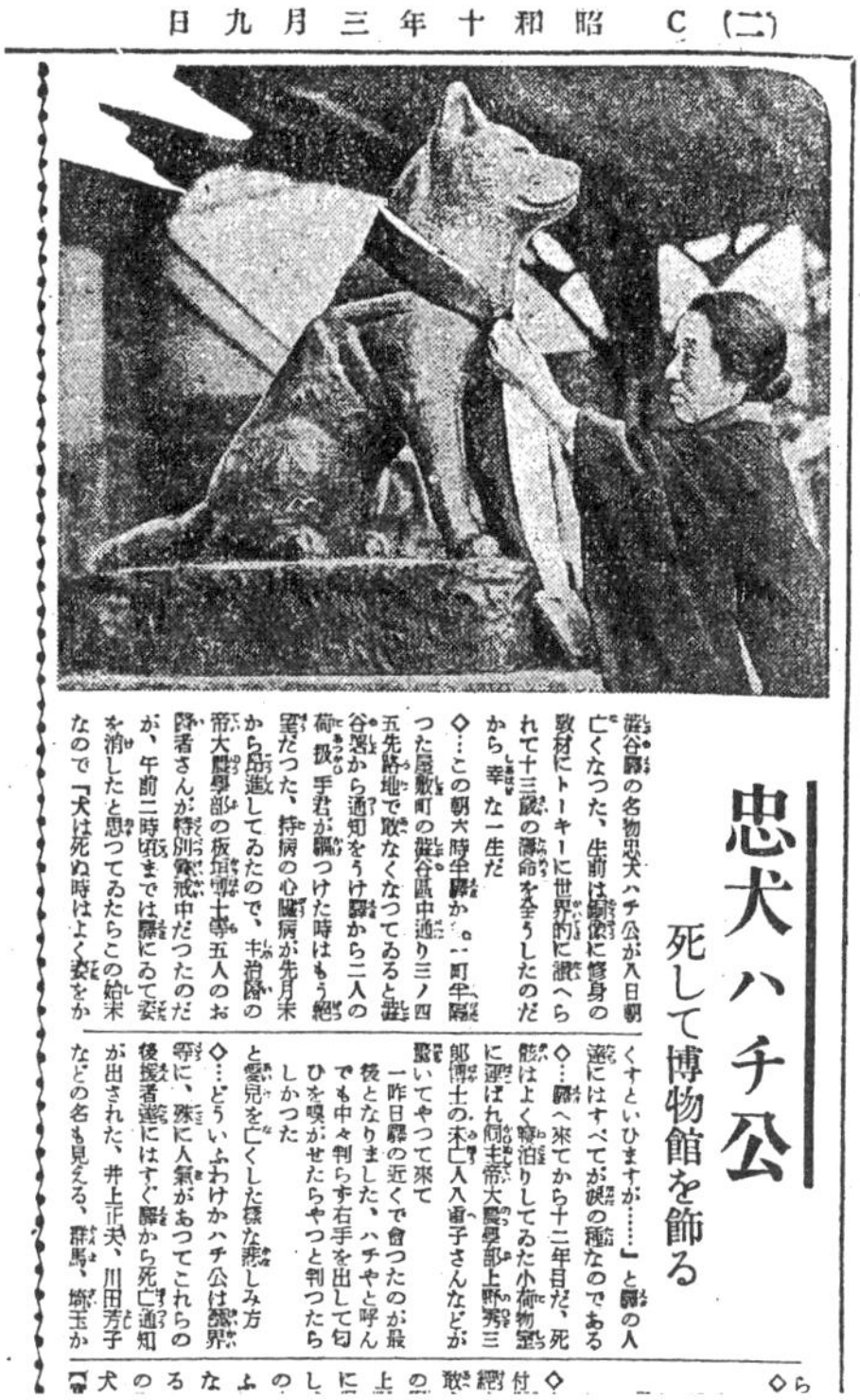

（二）　C　昭和十年三月九日

忠犬ハチ公
死して博物館を飾る

澁谷驛の名物忠犬ハチ公が八日朝亡くなつた、生前は銅像に修身の教材にトーキーに世界的に讃へられて十三歳の壽命を全うしたのだから幸な一生だ

◇…この朝六時半驛から一町半隔つた屋敷町の澁谷區中通り三ノ四五先路地で敢なくなつてゐると澁谷署から通知をうけ驛から二人の荷扱手君が驅つけた時はもう絶望だつた、持病の心臓病が先月末から昂進してゐたので、中澁谷の帝大農學部の板垣博士等五人のお醫者さんが特別警戒中だつたのだが、午前二時頃までは驛にゐて姿を消したと思つてゐたらこの始末なので「犬は死ぬ時はよく姿をかくすといひますが……」と驛の人達にはすべてが涙の種なのである

◇…驛へ來てから十二年目だ、死骸はよく寝泊りしてゐた小荷物室に運ばれ飼主帝大農學部上野英三郎博士の未亡人八重子さんなどが驅いてやつて來て

一昨日驛の近くで會つたのが最後となりました、ハチやと呼んでも中々判らず右手を出して匂ひを嗅がせたらやつと判つたらしかつた

と愛兒を亡くした様な悲しみ方

◇…どういふわけかハチ公は藝界等に、殊に人氣があつてこれらの後援者達にはすぐ驛から死亡通知が出された、井上正夫、川田芳子などの名も見える、群馬、埼玉か

ハチ公の死を報じる新聞記事（1935〈昭和10〉年3月9日付『東京朝日新聞』より／提供：国立国会図書館）　1935年3月8日早朝のハチ公の死について報じた新聞記事。渋谷駅に来るようになってから12年目の死に、上野博士の未亡人である八重子やハチ公像作者の安藤照も駅に駆けつけた。また、駅からはハチ公の「後援者」たちに死亡通知が出されたとのことで、その中には明治〜昭和期の新派俳優である井上正夫や日本映画界のスターだった川田芳子など著名人も多く含まれていたという。

ハチ公の告別式（提供：白根記念渋谷区郷土博物館・文学館）　ハチが死んだ1935（昭和10）年3月8日の午後から、渋谷駅前に設置された銅像前で営まれた告別式は、その死を悼む人たちで身動きできぬような混雑を呈した。ハチ公像は東横百貨店や明治製菓をはじめ、有志たちから贈られた花輪、花束、お供えの果物などで埋もれ、焼香の人々が次々と押し寄せた。

2. 玉電ビルと戦火

平穏な日常の傍らで

鉄道路線網の充実によって人々の暮らしが豊かになり、それに伴って新たな百貨店が次々誕生。そのうちのいくつかは、屋上に子どもたちの喜ぶ遊園施設を備えるようになる。また、ありふれた一匹の老犬がアイドル的人気を集め、その死にあたっては人間以上の盛大な葬儀が執り行われる……。一見すれば、それはまことにのどかな光景である。今日の私たちと同じく、平凡な日々が流れているように思える。だが、昭和初期の社会では、そんな平穏な日常の傍《かたわ》らで不穏な動きも少しずつ進行していた。

浅草松屋が開業し、後に「ひばり号」の生みの親となる遠藤嘉一が「スポーツランド」の運営に参画した（P62参照）一九三一（昭和六）年の九月一八日には、中華民国の奉天《ほうてん》（現・瀋陽《しんよう》）にある柳条湖《りゅうじょうこ》で関東軍が南満州鉄道の線路を爆破して満州事変が勃発《ぼっぱつ》。東京朝日新聞の記事によってハチ公の名が広く知られるようになった（P78参照）一九三二（昭和七）年には、海軍青年将校たちが総理大臣の犬養毅《いぬかいつよし》を殺害した五・一五事件が起きた。実は、平和な日常と不穏さは背中合わせだった。

一九三三（昭和八）年一月三〇日にはヒトラーがドイツ首相となり政権を獲得、同年三月には満州からの撤退勧告案可決を不服として日本が国際連盟を脱退したが、人々の日々の暮らしはすぐには変わらない。翌一九三四（昭和九）年にはハチ公像が駅前に設置され、東横百貨店も開業して（P80参照）渋谷駅が大いに盛り上がること

聯盟よさらば！遂に協力の方途盡く

總會、勸告書を採擇し 我が代表堂々退場す
四十二對一票、棄權一

支那側勸告受諾
第六項の權利强調

けふ閣議で正式に
脫退方針を決定
聯盟離脫の最終手續

日本の国際連盟脱退（1933〈昭和8〉年2月25日付『東京朝日新聞』より／提供：国立国会図書館）　1932（昭和7）年、日本は傀儡政権である満州国を建国。この件が中華民国によって国際連盟に提訴された結果、連盟は現地にリットン調査団を派遣。その報告書が満州国を不承認としたことに日本は反発したが、1933年2月24日に連盟総会で報告書が採択され、これを不満とした松岡洋右全権以下の日本代表は議場を退出した。翌3月には日本は連盟自体を脱退することになる。

THE TOKYO ASAHI SHIMBUN

東京朝日新聞 夕刊

戒嚴令下に治安維持さる

戒嚴司令官告諭

戒嚴司令官　香椎浩平

財界平穩に推移
各銀行平常通り營業
株式取引所のみ引續き休業

爲替落つく

町田商相、藏相

兼任大藏大臣

治安維持上の權限
軍司令官に移

寫眞

天機奉伺

第二艦隊

ユアサ

二・二六事件発生後の状況を伝える記事（1936〈昭和11〉年2月28日付『東京朝日新聞』夕刊より／提供：国立国会図書館）　クーデターを計画した陸軍青年将校らが、1936年2月26日早朝に決起。総理大臣官邸を皮切りに東京市内各所に襲撃を開始した。記事は翌27日に施行された戒厳令について報じたもの。記事中に掲載された写真は、上が東京市における警備の様子、下右が宮城（現・皇居）付近の警備の様子、下左が28日の海軍省の様子である。

となったが、時代はいつの間にか緊迫していた。一九三五（昭和一〇）年の三月には、ヒトラーがヴェルサイユ条約破棄とドイツの再軍備を宣言。わが国でも一九三六（昭和一一）年に、陸軍青年将校らがクーデターを目論《もくろ》んで決起した二・二六事件が起きる。それまで深く静かに潜航していた不穏な動きが、いつの間にか有無をいわさず人々の日常に侵入してきたのだ。

だがその一方で、不穏さとは裏腹の華やかなイベントも同時に企画されていた。一九三五年二月には東京・横浜を会場にした万国博覧会の開催が発表され、一九三六年七月三一日にはオリンピックの東京開催が決定される。この両者に札幌における冬季オリンピックも加えて、いずれも一九四〇（昭和一五）年にこの日本で一挙に開催しようという壮大な計画である。

このような大事業を三つも行おうとしていたことからも、当時の日本が持っていた国力と勢いが感じられる。それと同時に、国際的なイベントの計画が具体的に進行していたところから見て、日本も、そして周囲の国々も、この段階では世界各国に蔓延《まんえん》する緊迫感をまだ深刻に受け止めていなかったようにも思える。少なくとも日本に関していえば、世界からお客を招いてこれらの祭典を実現できると本気で考えていたはずである。

だが、それらのイベントは単に浮かれ騒ぐための「お祭り」ではなかった。一九四〇年に国を挙げて行われようとしていた、紀元二六〇〇年記念行事の一環として計画されていたのだ。この年が、神武《じんむ》天皇即位から二六〇〇年の年にあたるとされていたからである。それゆえこれらのイベントも、国威発揚と海外への国力の誇示という「真の目的」が常にチラついていた。

ところがオリンピックも万博も、当時の最高の人材を集めて国家的な規模でさまざまな準備を進めていたのに、なぜかことごとく迷走してしまう。会場の計画からポスターの制作に至るまで一向に順調には進まず、信じ難いほどに次々と躓《つまづ》いてしまうのだ。それは、まるでこれらのイベントと日本の行く手に、当初から黒々とした暗雲

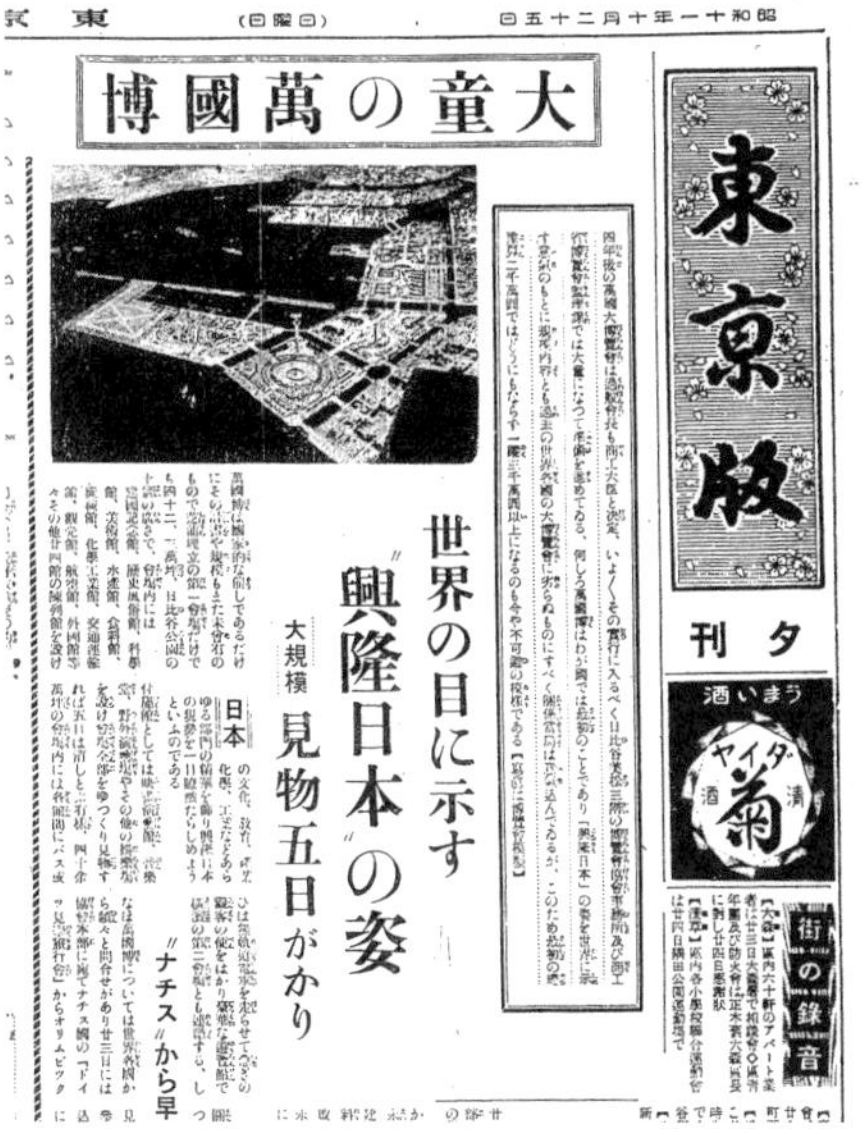

昭和十一年十月二十五日（日曜日）

東京版　夕刊

大童の萬國博

世界の目に示す"興隆日本"の姿

大規模　見物五日がかり

"ナチス"から早

うまい酒　ヤイダ菊　清酒

街の録音

紀元2600年記念日本万国博覧会の計画（1936〈昭和11〉年10月25日付『東京日日新聞』東京版夕刊より／提供：国立国会図書館）　1935(昭和10)年2月11日、神武天皇の即位日とされる「紀元節」の日に、万国博覧会開催のニュースが発表される。明治の頃から何度も頓挫の憂き目を見てきた日本万博の満を持しての始動だったが、万難を排したはずの計画はその後も茨の道を突き進むことになる。

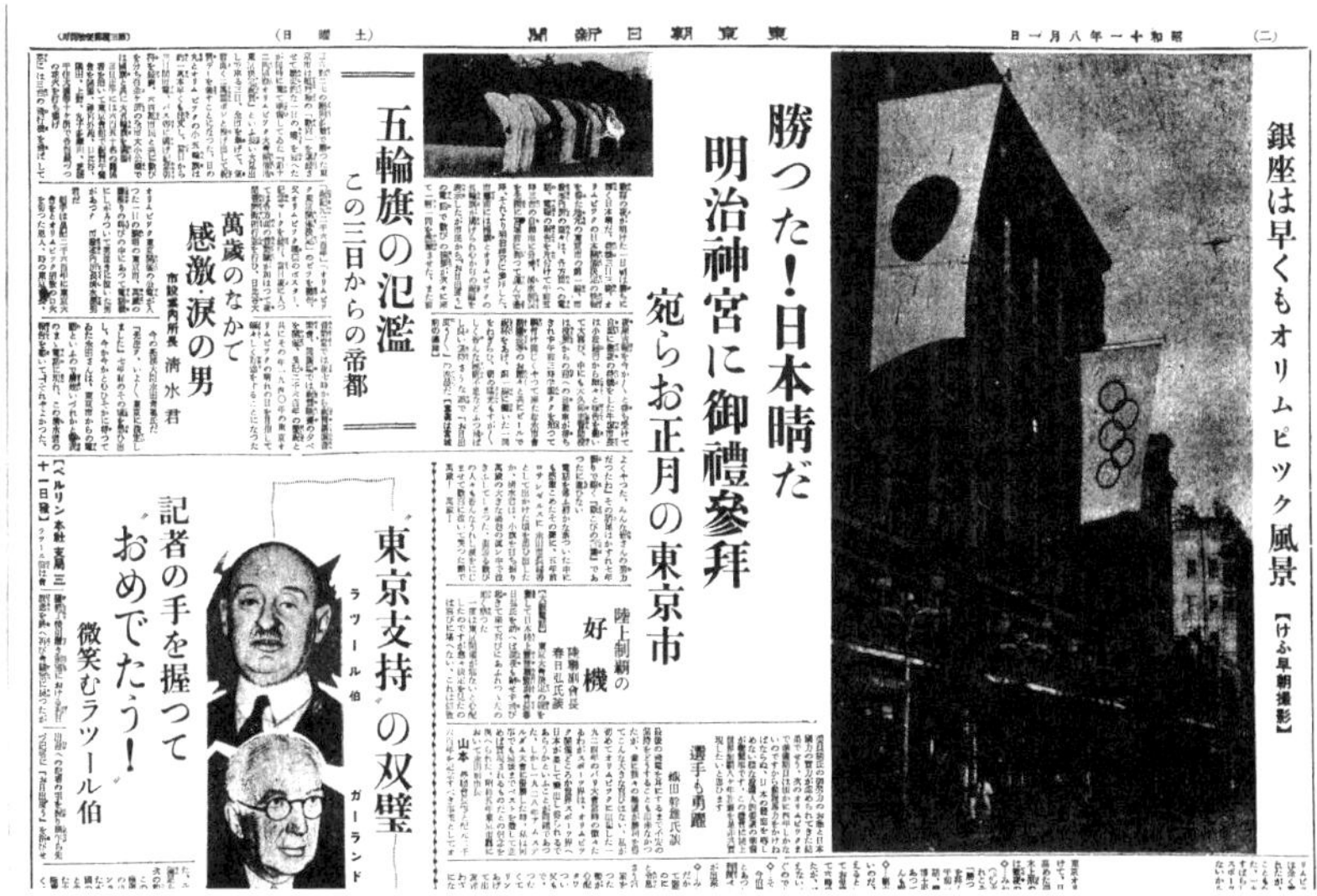

東京朝日新聞　昭和十一年八月一日（土曜日）　（二）

銀座は早くもオリムピック風景【けふ早朝撮影】

勝った！日本晴だ　明治神宮に御禮參拜

宛らお正月の東京市

五輪旗の氾濫　この三日からの帝都

萬歳のなかで感激・涙の男　市設案内所長　清水君

記者の手を握って"おめでたう！"　微笑むラツール伯

"東京支持"の双璧　ラツール伯　ガーランド

陸上制覇の好機

選手も勇躍

【ベルリン本社支局三十一日發】

オリンピック開催決定に沸く東京市（1936〈昭和11〉年8月1日付『東京朝日新聞』より／提供：国立国会図書館）　1936年7月31日(現地時間)、ベルリンの名門ホテルであるホテル・アドロンで開かれていたIOC総会で、第12回オリンピック競技大会の開催都市が東京と決定。この報が届けられた東京市では、名士列席の祝賀午餐会、ラッパ隊率いる祝賀行列、飛行機からのチラシ散布に街角での日の丸と五輪旗の乱舞……と全市が興奮と熱狂に包まれた。

が垂れ込めているかのような難航ぶりだった。

一方、そんな相反する空気が流れる時代にも、あの遠藤嘉一は相変わらずエネルギッシュに活動を続けていた。浅草松屋「スポーツランド」の大成功によって、遠藤は完全に上昇気流に乗った。娯楽設備の製造・販売や遊園施設の運営において、全国にその名を轟《とどろ》かせつつあった。

そんな遠藤の活躍ぶりは、前述した中藤保則の『遊園地の文化史』や葉狩哲の連載「時計じかけのハート美人」に詳しい。遠藤は後年の一九七七（昭和五二）年に長年の功績を称えられて「勲五等双光旭日章」を授与される（P178参照）が、「時計じかけのハート美人」にはその叙勲に際して当時の通商産業省に提出された資料が引用されている。それによると、浅草松屋に始まって一九三二年には大阪髙島屋・浅草花やしき、一九三三年には上野松坂屋《まつざかや》・新宿伊勢《いせ》丹《たん》屋上、一九三四年には京都丸物《まるぶつ》・日劇地下遊戯場、一九三五年には浅草国際劇場・江東楽天《こうとうらくてん》地《ち》……などとさまざまな得意先の名前が挙がっている。これらのうちどれが商品の納入に留まり、どれが運営まで任されていたかは不明であり、たとえば浅草国際劇場と江東楽天地の開業は実際には一九三七（昭和一二）年なので記録として多少の誤りがあるようだが、遠藤が全国的に八面六臂《はちめんろっぴ》の大活躍をしていたことは間違いない。

それはもうひとつの資料を見てもわかる。それは、昭和初期に遠藤率いる日本娯楽機製作所（日本自動機娯楽機製作所が改称）が発行した同社商品カタログ『日本娯楽商報』だ。

ここには「納入先御芳名」として、例の浅草松屋はじめ四〇の顧客が挙げられている。それも北は北海道から南は九州まで、さらには満州の顧客までが名を連ねているのだ。また、この「納入先御芳名」には含まれていないが、『遊園地の文化史』によれば満州のハルピンにあったマルショウ百貨店にも木馬を五台納めに行ったことがあるということである。そんな新規顧客の開拓も納品もわざわざ遠藤自らが行ったというのだから、いかにバイタリティあふれる人物だったかがわかるだろう。

日本娯楽商報

自動娯樂機
自動販賣機
電氣自動車
電氣ボート
豆汽車
射撃機
スポーツランド設計

考案製作販賣

日本娯樂機製作所

東京市淺草區駒形二丁目五ノ四
電話淺草(84)一四三七番
大阪市南區大和町十一番地
電話南(75)四六八二番
振替大阪三一七七六番

商品カタログ『日本娯楽商報』(提供：アミューズメント通信社)　遠藤嘉一率いる日本娯楽機製作所(日本自動機娯楽機製作所が改称)が発行した同社商品カタログ『日本娯楽商報』の表紙。その中には豆自動車、射的ゲーム、力試し機、各種自動販売機などの商品が多数掲載されている。中藤保則の『遊園地の文化史』によれば、「納入先御芳名」の中に「国際劇場」の名があることから、このカタログが発行されたのは同劇場オープンの1937(昭和12)年7月以降と考えられるという。

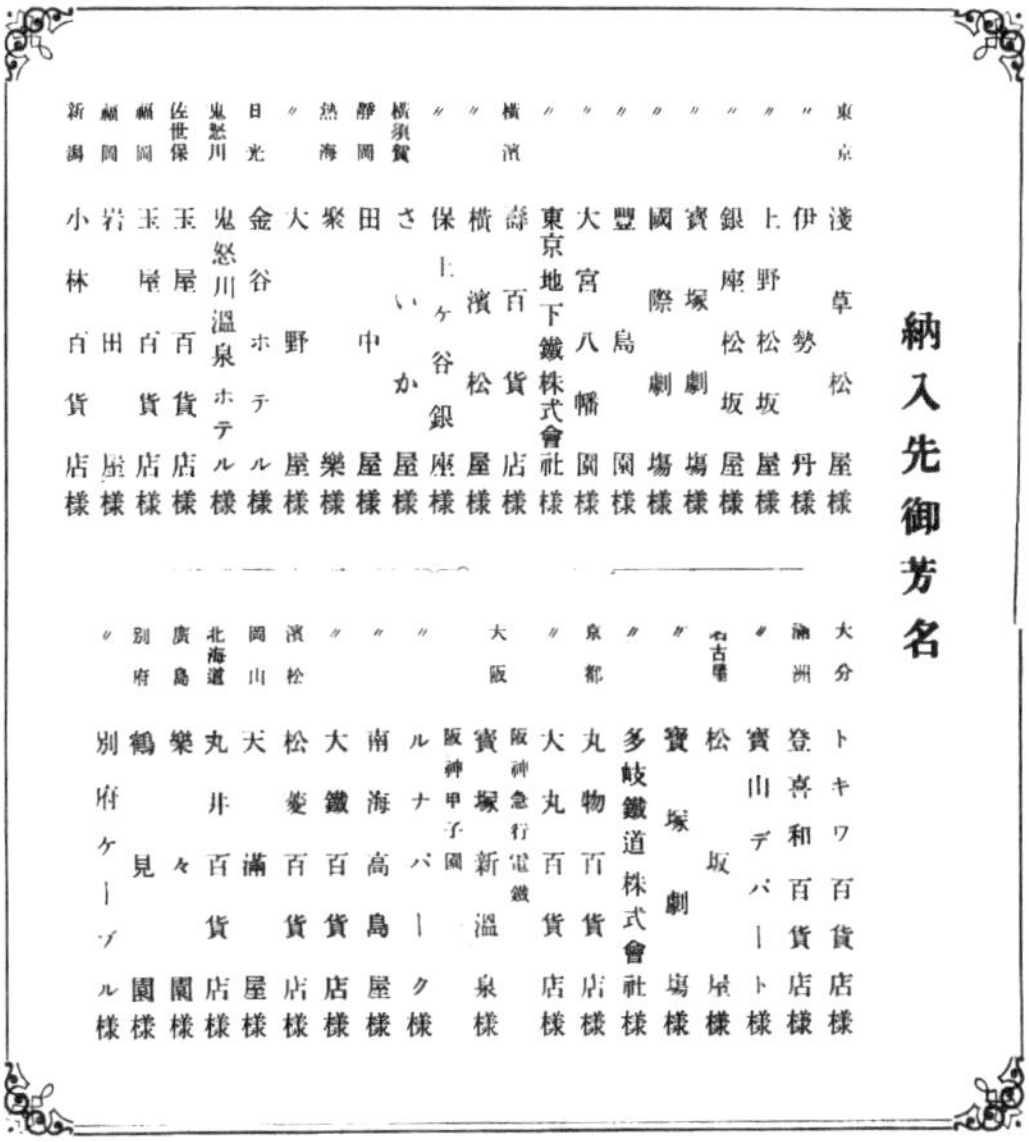

納入先御芳名

東京　淺草松屋様
〃　伊勢丹様
〃　上野松坂屋様
〃　銀座松坂屋様
〃　寶塚劇場様
〃　國際劇場様
〃　豊島園様
〃　大宮八幡園様
〃　東京地下鐵株式會社様
横濱　壽百貨店様
〃　横濱松屋様
〃　保土ヶ谷銀座様
横須賀　さいか屋様
静岡　田中屋様
熱海　聚樂様
〃　大野屋様
日光　金谷ホテル様
鬼怒川　鬼怒川温泉ホテル様
佐世保　玉屋百貨店様
福岡　玉屋百貨店様
福岡　岩田屋様
新潟　小林百貨店様

大分　トキワ百貨店様
滿洲　登喜和百貨店様
〃　寶山デパート様
名古屋　松坂屋様
〃　寶塚劇場様
〃　多岐鐵道株式會社様
京都　丸物百貨店様
〃　大丸百貨店様
大阪　阪神急行電鐵寶塚新温泉様
〃　阪神甲子園ルナパーク様
〃　南海高島屋様
〃　大鐵百貨店様
濱松　松菱百貨店様
岡山　天滿屋様
北海道　丸井百貨店様
廣島　樂々園様
別府　鶴見園様
〃　別府ケーブル様

日本娯楽機製作所の顧客一覧(提供：アミューズメント通信社)　上で紹介した『日本娯楽商報』の中に掲載された「納入先御芳名」。遠藤嘉一の名を一躍業界に轟かせた「スポーツランド」を擁する浅草松屋を筆頭に、全国各地の百貨店、遊園施設などの名前がズラリと並ぶ。その中には、遠藤がアミューズメントの世界を志すきっかけを作った宝塚新温泉(P56、P118参照)、後に深い関わりを持つ大宮八幡園(P102、P110参照)の名前も見られる。

玉電ビルと渋谷再開発

こうして一九三四（昭和九）年一一月一日に東横百貨店（後の東急百貨店東横店・東館）が開業したことで、戦後に「ひばり号」が架設される下地が生まれた。ただし、東横百貨店の屋上はロープウェイの起点でしかない。「ひばり号」が架設されるためには、そこに終点としての東横百貨店別館（後の東急百貨店東横店・西館）が必要である。それはいつ、どのようにして生まれたのか？

その発端は、東京横浜電鉄と同じく、渋谷を拠点に鉄道事業を展開していた玉川電気鉄道の渋谷駅にあった。

昭和初期には玉川線の渋谷駅も徐々に発展を遂げており、そこに食料品の売店や「玉電食堂」が作られる。またしても「食堂」である。すでに大阪・梅田では阪急電鉄の「阪急食堂」が、そしてここ渋谷でも、すでに東京横浜電鉄の「東横食堂」が成功を収めていた（P78参照）。その両者は食堂での成功を母体として、やがて百貨店経営に乗り出した。当然のごとく、玉川電気鉄道もまた「玉電百貨店」の開店を計画するようになる。それが、百貨店や食堂を収めたターミナルビル「玉電ビル」の建設計画へと発展していくのである。

ところが同じ頃、東京横浜電鉄の五島慶太は玉川電鉄の買収・合併を模索していた。渋谷を拠点とする同じ事業内容の二社が競合することは合理的ではない……という発想だが、そこには東横百貨店と競合する玉電百貨店の誕生を阻止するという意図もあった。結局、一九三六（昭和一一）年一〇月二二日に玉川電気鉄道はそれまでの役員が総退陣して五島慶太が社長に就任。玉川電気鉄道は実質上、東京横浜電鉄の傘下《さんか》に入る。さらに一九三八（昭和一三）年四月一日に、玉川電気鉄道は正式に東京横浜電鉄に吸収合併されることとなるのである。

しかしながら、その過程においても「玉電ビル」建設計画は死ななかった。

それは、玉電ビル建設計画が五島慶太の考えていた当時の「渋谷駅再開発」に非常に都合が良かったからだろう。東横百貨店との競合百貨店問題さえ片付けば、玉電ビルは渋谷駅周辺を充実させるために大いに役立つ。こ

玉川電車沿線案内図(提供：曽我誉旨生)　1936(昭和11)年発行の玉川電気鉄道リーフレットに掲載された沿線鳥瞰図。中央に水平に通っている路線の左端の駅は「溝ノ口」、右端で直角に曲がる地点に描かれた駅は「渋谷」である。図の左下にクレジットされた「日本名所図絵社」は観光鳥瞰図で有名な吉田初三郎の下を離反した小山吉三という人物が、1922(大正11)年に設立した会社。この会社は初三郎の弟子であった金子常光を擁して、観光鳥瞰図を連発する。

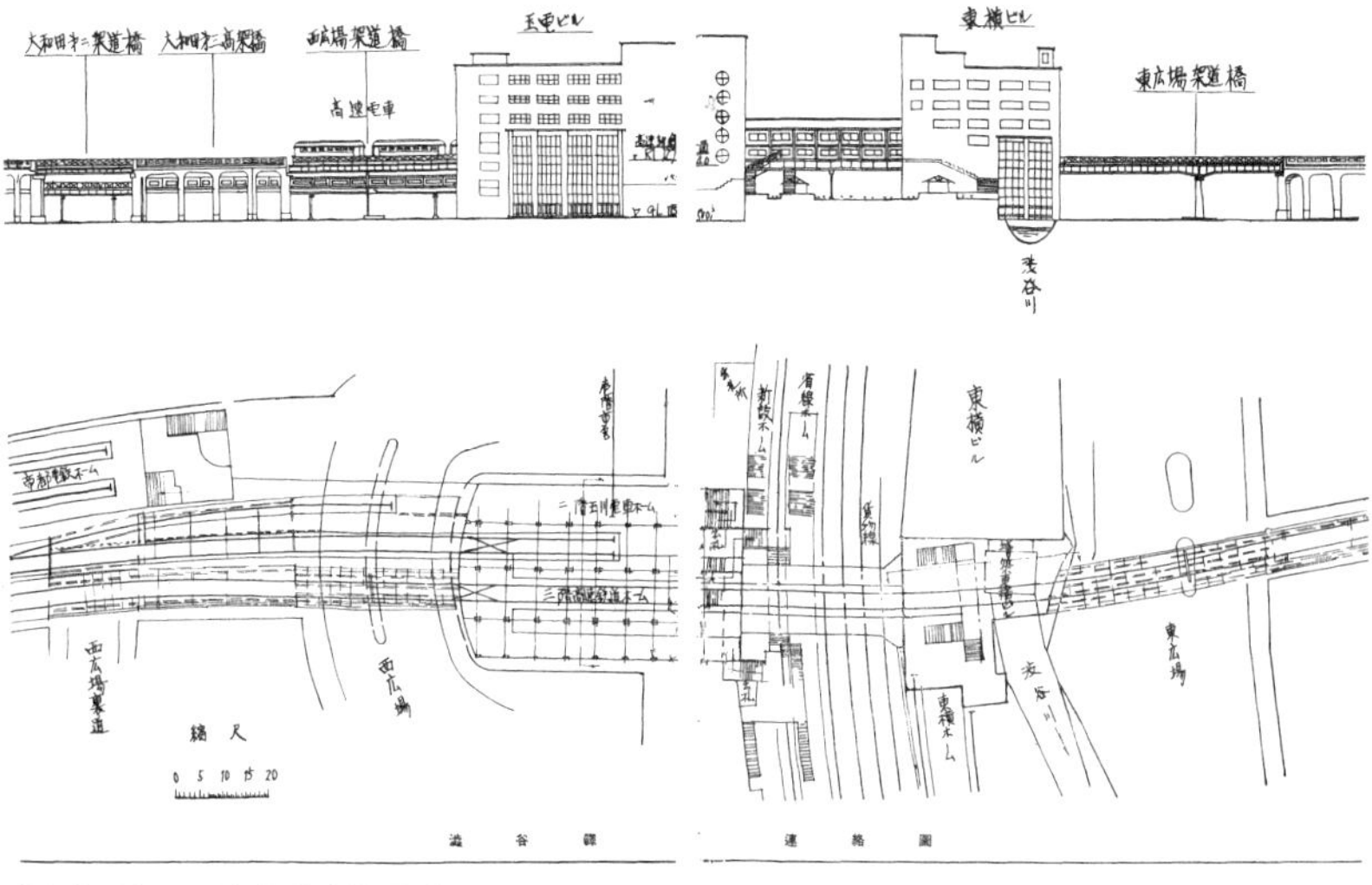

玉電ビル計画と渋谷駅連絡図(『土木建築工事画報』1938(昭和13)年6月号〈工事画報社〉より／提供：土木学会附属土木図書館)玉電ビルと渋谷駅、各連絡線の関係を表した完成予想図。ご覧の通り7階建てを予定して建設されていた玉電ビルは、東横百貨店とほぼ肩を並べる高さとなる予定だった。

うして地上七階、地下二階、延べ一万七四三八平方メートルの建物が計画された。

この玉電ビルとは、その後に「東横百貨店別館」となった建物だ。つまりその屋上こそ、戦後まもなく「ひばり号」の終点となった場所なのである。

その建物内部は大半を百貨店として使うこととして、二階に玉川線渋谷駅、三・四階を東京高速鉄道（現・東京メトロ銀座線）渋谷駅にする構想であった。玉電ビルの完成によって、渋谷駅は本格的なターミナル駅としての機能を持つようになる訳だ。

こうして玉電ビルの建設が、玉川電気鉄道が東京横浜電鉄に吸収合併される前年の一九三七（昭和一二）年より開始される。その開始時期についてはハッキリとしていなかったが、基礎工事を請け負った白石基礎工業合資会社（現・オリエンタル白石株式会社）は「東横ビルディング別館基礎工事」の名義でその詳細な記録を残していた。それによると、基礎工事開始は一九三七年四月から。つまり、これが玉電ビル建設のスタートと考えていい。さらに、基礎工事の終了は翌一九三八年六月。『土木建築工事画報』一九三八年六月号（工事画報社）でも同ビルの基礎工事について言及されているが、そこには「既に潜函の沈下を了した」と記されている。

この「潜函」とは潜函工法（今日では「ニューマチックケーソン工法」といわれる）で用いられるもの。地上で構築したコンクリート製の函（ケーソン）をコップを伏せたような状態にして、その函の中に圧縮空気を送り込んで地下水を排除しながら地面を掘削《くっさく》、徐々に函を沈下させていく。最終的には、この函そのものが地下の構造軀《く》体《たい》（地下階）になるという工法である。これが使われた理由は、谷間で地下水を多く含む渋谷の地盤を考慮してのこと。『土木建築工事画報』一九三八年六月号の段階で「潜函の沈下を了した」ということは、その時点で基礎工事がほぼ終了したことを意味する。これは、白石基礎工業の記録を裏書きする内容だ。

さらに同誌によれば、玉電ビル内に駅を持つ玉川線、東京高速鉄道については「今秋（一九三八年秋）までに

澁谷驛連絡

玉電ビル基礎工事

かねて白石基礎工業の手に依り施工中の澁谷驛連絡玉電ビル基礎工事は順調に進行寫眞に見る如く既に潜函の沈下を了した。玉電ビルは延約5,000坪、鐵筋コンクリート6階建で、1階に市電、2階に玉川線、3階に東京高速鐵道線の乗場を有ち、また2階から省線及び帝都電鐵線にも連絡する設備とする。今秋までに電車の開通を見る筈だが建物全體の竣工は明春後とならう。請負は安藤組である。寫眞は東横百貨店屋上より見たる工事全景、次頁の圖を参照されたい。

278 工事畫報 昭和十三年六月號

工事畫報 昭和十三年六月號 279

玉電ビル基礎工事の様子（『土木建築工事画報』1938（昭和13）年6月号〈工事画報社〉より／提供：土木学会附属土木図書館）玉電ビル基礎工事の様子をとらえた写真。東横百貨店屋上から西方面に向かって撮影されている。手前の電車は市電で、前方の左は玉電の線路、前方の右には帝都電鉄（現・京王井の頭線）の駅舎とトンネルが見える。なお、玉電ビル基礎工事では、12.5m×38.2m×12.5mの潜函（ケーソン）を7基沈めている。

建設中の玉電ビル（提供：白根記念渋谷区郷土博物館・文学館）　上に掲載した『土木建築工事画報』の写真とほぼ同アングルのもの。すでに鉄骨が組まれていることから、おそらく工事中断直前の1938（昭和13）年夏頃に撮影されたと思われる。

電車の開通を見る筈《はず》」と記載。ビル全体の竣工《しゅんこう》については「明春（一九三九年春）後」と書き記している。しかしながら、この工事スケジュールは実現しなかった。実際には、計画が途中で変更され、工事もストップすることになったからである。それでは、なぜ計画は変更となったのか。

その発端は、玉電ビルの建設が始まった一九三七年にさかのぼる。

同年七月七日、北京郊外の盧溝橋《ろこうきょう》で日本軍と中国軍が衝突した、いわゆる盧溝橋事件がそれである。当時の中国では一九二八（昭和三）年に張作霖《ちょうさくりん》爆殺事件、一九三一（昭和六）年に満州事変が起きて、すでに一触即発の状態になっていた。結果的に、盧溝橋事件が引き金となって日中戦争が勃発。当初、日本側は早期に終息するものと想定していたが、戦闘は徐々に長期化。これが徐々にわが国にダメージを与え始めていく。

『鋼材節約問題特集号』と銘打たれた『土木建築工事画報』一九三七年六月号を見ると、盧溝橋事件以前から世界的な軍備拡張競争によって「鉄飢饉《てつききん》」という状態だったことがわかる。この年の五月二四日には内務省から全国地方長官に対して、工事用鉄材の使用をできる限り節約すべき旨の通牒《つうちょう》が発せられていた。そこに日中戦争である。そもそも資源に乏《とぼ》しい日本が遅かれ早かれ苦境に追い込まれるのは、その当初から明らかだった。

一九三八年には国家総動員法が制定（四月一日公布、五月五日施行）され、政府は各種物資の統制を図るようになる。国民生活に必要な物資までがその対象となりつつある中で、鉄がその例外となり得る訳はなかった。むしろ、鉄こそが統制の要《かなめ》となっていく。一九三八年七月八日付の東京日日新聞を見ると、鉄鋼製品の制限によって最も大きな打撃を受けるのは運動具で、これによってスポーツ界に変革が訪れる……などと呑気《のんき》に報じている。だが、そんなものよりも先に大きな打撃を受けたものがあった。建設用の鉄材である。

大蔵省（現・財務省）の新庁舎の建設は、東横百貨店が開業した一九三四年から着々と進められていた。それが八割方工事が完成したところで、日中戦争が長期化。各種物資の統制が始まり、建設は中断したままになって

THE TOKYO ASAHI SHIMBUN　昭和十二年七月九日（金曜日）

北平郊外で日支両軍衝突

不法射撃に我軍反撃
廿九軍を武装解除
疾風の如く龍王廟占據

支那の要請で一時停戰

鹿内准尉戰死す　野地少尉負傷

事件の發端となつた蘆溝橋

硝煙の戰線を行く

突如 銃を擬し脅迫
凄絶・砲火耳朶を打

盧溝橋事件を伝える新聞記事（1937〈昭和12〉年7月9日付『東京朝日新聞』夕刊より／提供：国立国会図書館）　1937年7月7日、北京郊外の盧溝橋で日本軍と中国軍との間で起きた衝突事件を報じた新聞記事で、後にこの事件を「盧溝橋事件」と呼ぶようになる。すでに緊張が高まっていた中国で起こったこの事件は、結果的に日中戦争の引き金を引く出来事となった。

南京陥落を祝う提灯行列（會報『萬博』第19号・1937（昭和12）年12月号〈日本萬國博覧會事務局〉より／提供：探検コム）　1937年12月13日の南京陥落の報に、開催準備中の紀元2600年記念日本萬國博覧會事務局では翌14日午後5時より祝賀会を開催し、万博シンボルマークを描いた旗と提灯を掲げて市内を行進。しかしその後、日中戦争は長期化の一途を辿り、万博そのものにトドメを刺した。

しまう。もはや外壁や内装部分だけなのに、官庁からしてこれである。それ以外の建物は推して知るべしだ。

中でも最もその影響を受けたのが、東京オリンピックと万国博覧会の施設建設だった。

一九四〇（昭和一五）年の開催を目指して準備が進んでいたオリンピックと万博だったが、迷走を続けたあげく計画は一向に進まない。そんなことをしているうちに、日中戦争勃発である。案の定、施設建設は思うに任せなくなった。鉄材を減らすだけでなく、それ以外の物資についても大幅に削減してオリンピックの競技場や万博のパビリオンを作ることを強《し》いられた担当者たちは、突然の難題に大いに困惑することになる。

なにしろ一九三八年六月一八日付東京朝日新聞では、「万博事業費一千四十七万円に対しては既に内務省だけでその三割が削減され、この削減案が近く大蔵省に還付された暁《あかつき》には同省独自の立場から更に削減される筈」と書かれる有様である。当然のことながらオリンピックも同様の扱いとなる訳で、同紙に「非常に実質的な質素なものになる」と書かれたように、どちらも相当に苦しい状況に追い込まれた。万博などはすでに事務局棟やメインパビリオンの肇国《ちょうこく》記念館の建設に着手していたから、なおさら厳しい状況だった。

そのせいで……とばかりもいえない事情が絡んではいたが、同年七月一五日には万博の延期とオリンピックの返上が閣議決定されることになる。いずれにせよ、鉄材が不足した状況でこのふたつのイベントを開催するなど、どだい無理な話であったことは間違いない。

こうして国際的なイベントまでが「節約ムード」の中に巻き込まれる中、玉電ビルが無傷でいられるはずはなかった。かくして順調に進んでいた玉電ビルの建設は、諸般の事情からストップすることになる。鉄材をはじめとする建設資材の節約のため、計画の見直しが必要になったのだ。

東京都公文書館には、この計画変更に関する書類の一部が今も残っている。「昭和一三年（一九三八年）十月二十八日」の日付が記され、東京横浜電鉄の取締役である五島慶太から鉄道大臣の中島知久平《なかじまちくへい》と内務大臣の末《すえ》

東京五輪と万博に対する鉄材節約を報じる記事（1938〈昭和13〉年6月18日付『東京朝日新聞』より／提供：国立国会図書館）　東京市がオリンピックと万博の巨額の事業費の起債認可を内務省、大蔵省に申請したが、大蔵省としては軍需資材を中心に起債額をできる限り削減する方針を内定。大蔵次官の石渡荘太郎は「やりようにもいろいろあると思う」といういささか無責任な談話を発表する。以後、事態は一進一退を続けながら、最終的には最悪の結末を迎えた。

東京オリンピック返上を伝える記事（1938〈昭和13〉年7月15日付『東京日日新聞』より／提供：国立国会図書館）　1938年7月14日に商工省臨時省議にて万博が延期と決定。これに伴って、厚生大臣の木戸幸一が東京オリンピック返上を声明。翌15日の閣議でその決定が確実となった。記事中の写真は、返上がほぼ決定となった後のオリンピック組織委員会事務局の様子。

次信正《つぐのぶまさ》に宛てた、『玉川線渋谷停留場本家拡張並《ナラビ》ニ工費予算変更御届』と題された書類である。その表題の通り、玉川線渋谷駅などの工事方法変更と、それに伴う予算の変更についての申請を行うためのものだ。

この書類に添付されている「理由書」を読んでみれば、玉電ビルの工事が一時中断されたこと、さらにその理由がわかる。「商工省ノ命《メイ》ニ依《ヨ》リ玉電ビルノ内百貨店部分ノ工事ヲ一時中止シ鉄道省、東京高速鉄道、帝都電鉄、東京市電気局及当会社ノ共同駅舎トシテ必要ナル部分ヲ建設スルコト」……この時点ではすでに玉川電気鉄道は東京横浜電鉄に吸収合併されているので、もはや「玉電百貨店」ではなくなっていたのかもしれないが、ともかく玉電ビルの百貨店エリアを削減、あるいは連絡している鉄道の駅舎等の施設に転用する……というのがその主旨であった。玉電百貨店が東横百貨店の「競合者」にならないことが決定していたこの段階では、東京横浜電鉄にとっても「百貨店エリア」はもはや必須のものではなかったのかもしれない。

かくして玉電ビルの計画は、建設の一時中断後に大幅に変更された。七階建てを予定していたビルの地上部分は、ある部分では二階、またあるところでは三階～四階の高さ（P135参照）で寸断された（この階数については、後にまた詳しく語ることにする）。戦後、東横百貨店本館から玉電ビルこと東横百貨店別館へと架けられた「ひばり号」が極端に斜めに傾いて降りていくのは、そのためだったのである。

戦後に撮影された「玉電ビル＝東横百貨店別館」の写真を見てみても、このあたりの事情がハッキリとわかる。玉電ビルの屋上には突き出した柱が何本もむき出しで並んでおり、それでなくても殺風景《さっぷうけい》な屋上をさらに奇妙な雰囲気に見せていた（口絵P4参照）。それらの突き出した柱は、本来は工事がさらに上まで進む予定だったことを物語っている。玉電ビルは、戦後まで工事が中断した状態のままだったのである。

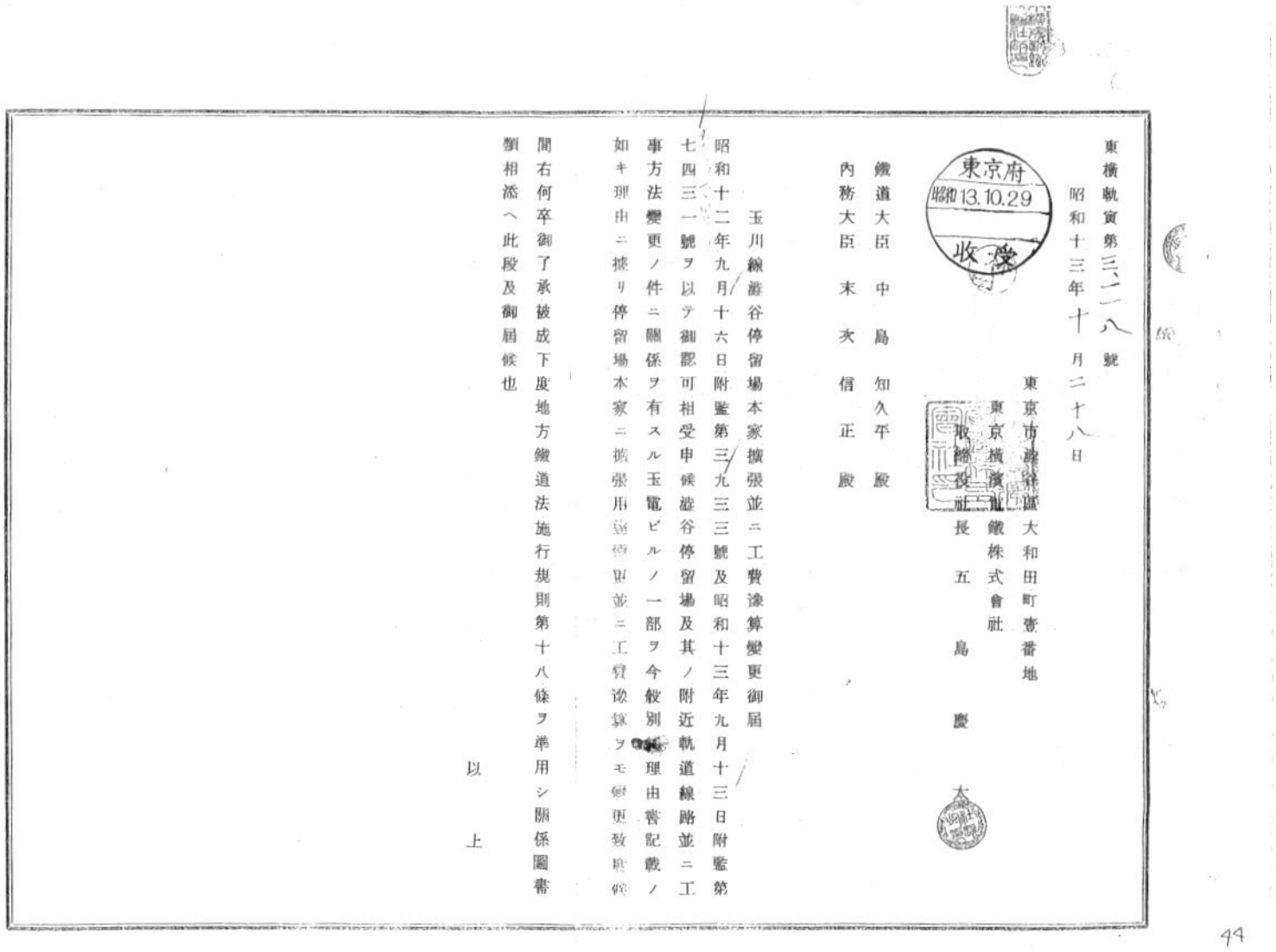
東横軌賓第三二八號
昭和十三年十月二十八日
東京市澁谷區大和田町壹番地
東京横濱電鐵株式會社
取締役社長　五島慶太

鐵道大臣　中島知久平殿
内務大臣　末次信正殿

玉川線澁谷停留場本家擴張並ニ工費豫算變更御届

昭和十二年九月十六日附監第三九三三號及昭和十三年九月十三日附監第七四三一號ヲ以テ御認可相受申候澁谷停留場及其ノ附近軌道線路並ニ工事方法變更ノ件ニ關係ヲ有スル玉電ビルノ一部ヲ今般別紙理由書記載ノ如キ理由ニ據リ停留場本家ニ擴張用途變更並ニ工費豫算ヲモ變更致度候間右何卒御了承被成下度地方鐵道法施行規則第十八條ヲ準用シ關係圖書類相添へ此段及御届候也

以上

玉川線渋谷停留場本家拡張並ニ工費予算変更御届（提供：東京都公文書館）　1938（昭和13）年10月28日の日付で申請されており、添付された「理由書」によれば「商工省ノ命ニ依リ」工事中止したとされており、『土木建築工事画報』1939（昭和14）年3月号にも「百貨店法規の関係上」と書かれているので、百貨店同士の競合防止や中小小売店保護を主な目的とする「百貨店法」の名目で工事にストップがかかったのかもしれない。

工事中の玉電ビルと東京高速鉄道渋谷駅（提供：地下鉄博物館）　東京高速鉄道・渋谷線（現・東京メトロ銀座線）の渋谷駅を内包する玉電ビルの工事中の様子である。

すべて焼き尽くされた日

こうして階数を大幅に減らされながらも、玉電ビルの工事は再開。一九三八（昭和一三）年一二月二〇日には東京高速鉄道（現・東京メトロ銀座線）が同・ビルの三階（P134参照）へ、翌一九三九（昭和一四）年六月一日には東京横浜電鉄の所管となった玉川線が二階へとそれぞれ乗り入れた。この時点で、渋谷駅は総合ターミナル駅としての体裁を整えたのである。

一方、日本娯楽機製作所を率いる遠藤嘉一は、徐々に戦時色が濃くなっていく中でも奮闘を続けていた。中藤保則の『遊園地の文化史』によれば、それまで遠藤が手がけてきた遊戯機は、比較的小型なものばかりだったらしい。ところが昭和も一〇年代半ばになって、ついに遠藤は大型の娯楽機械に着手することになる。それは、大《おお》宮八幡園《みやはちまんえん》に作られたウォーターシュートだ。

大宮八幡園とは東京府杉並区に存在した遊園施設で、一九三三（昭和八）年に東京府の「和田堀風致《わだぼりふうち》地区」に指定されたエリア内にあった（現在の和田堀公園の一部）。株式会社大宮八幡園によって運営され、善福寺川《ぜんぷくじがわ》や八幡池（現・和田堀池）を中心にボート池、魚釣場、プールのほか各種運動器具、さらには近代的な娯楽設備も設置された。そこに、日本娯楽機製作所も初期の頃から自社製品を納入していたのである。遠藤にとって、大宮八幡園は仕事でなじみ深い場所であった。

だが、遠藤が大宮八幡園のウォーターシュートに着手したのは、一九四〇（昭和一五）年のこと（一九三八年の可能性もあり）である。真珠湾《しんじゅわん》攻撃の一年前。それよりも前の時点で、東京オリンピックも万国博も、ターミナルビルである玉電ビルでさえ鉄材の統制からは逃れられなかった。果たして遠藤は、単なる娯楽設備に過ぎないウォーターシュートをどのようにして建設に漕《こ》ぎ着けたのか。

驚くべきことに、遠藤はこのウォーターシュートを木材で建造することにして申請を出したのだ。遠藤が手が

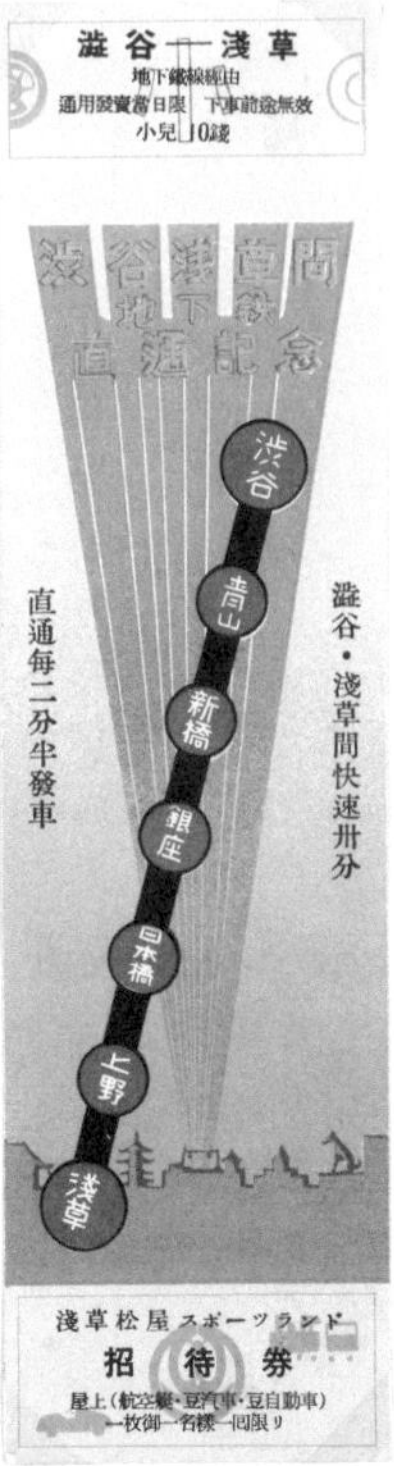

渋谷から見た東京高速鉄道（左）と渋谷〜浅草間直通記念切符（右）（左画像　『土木建築工事画報』1939（昭和14）年3月号〈工事画報社〉より／提供：土木学会附属土木図書館）（右画像　提供：地下鉄博物館）　左は、渋谷側から青山方面に向けたアングルで、トンネルから地上の高架線に向かう東京高速鉄道（現・東京メトロ銀座線）を撮影した写真。右は、同鉄道の開通記念切符。下方をよく見ると、すでに渋谷のアイコンとしてハチ公が描かれている。

大宮八幡園の風景（『風致』1936（昭和11）年10月13日号〈東京府風致協會聯合會〉より／提供：東京大学工学・情報理工学図書館 工1号館図書室A（社会基盤学））　東京府杉並区の「和田堀風致地区」内にあった大宮八幡園（現在の和田堀公園の一部）の風景を捉えた写真。善福寺川や八幡池（現・和田堀池）を中心にボート池、魚釣場などを備えた公園だったが、近代的な遊戯施設も設置されていた。1936年頃の撮影と思われる。

けた初の大型娯楽機械は、なんと木製だったのである。

こうしてまんまと許可を得た遠藤は、ウォーターシュートを堂々と同年一二月一七日に完成する。このような時代に、まさに驚くべき強心臓だ。また、あえてこんな暗雲垂れ込める時期に、そこまでして「娯楽」設備を作ろうとするバイタリティにも感嘆せざるを得ない。やはり、遠藤嘉一は只者《ただもの》ではなかったのである。

だが、一九四一（昭和一六）年一二月八日には太平洋戦争が始まり、戦火はますます拡大。さすがに「娯楽」をやっている余裕はどこにもなくなってきた。

遊園施設は次々閉鎖され、遠藤の営業所も縮小を余儀なくされた。社員も兵隊にとられたため、解体作業はすべて遠藤が自力でやることになる。自ら作業を行うことを苦にする遠藤ではなかっただろうが、縮小・解体ばかり続く日々はやりきれなかったのではないだろうか。

戦況はますます苦しくなり、金属をはじめとする各種物資はさらに枯渇《こかつ》していった。かくして、全国各地でいわゆる「金属供出」が始まる。学校の校門にある門柱や寺社の鐘、銅像などが回収の対象となった。すぐにそれらはエスカレートして、一般家庭の鍋《なべ》や釜《かま》、事務員や銀行員の使用済みペン先までが回収される。

ちょうどその頃、遠藤嘉一にとっても遊園施設業界にとっても、この時期を象徴するような事件が起きる。一九四三（昭和一八）年一月一六日夜、大阪新世界にある新世界大橋座という映画館から出火し、隣接する劇場や施設に次々延焼した。その中で、最も大きなダメージを受けたのが初代の通天閣である。周辺の炎によって塔脚から真っ赤に焼かれた通天閣は、鎮火後一時間余にわたって消防のホースからの放水で冷却されたが、もはやただの鉄骨ばかりの状態となっていたらしい。二月一三日に解体式が執り行われ、塔は上部から順に解体。四月に解体が終わった時には、通天閣はただの三百トンの鉄材となり果てていた。

もちろん、解体された通天閣は「金属供出」の対象となったのである。

木造ウォーターシュートの棟上式(左)とその時の遠藤嘉一(右)(提供：すぎなみ学倶楽部、岸弘子／協力：NPO法人チューニング・フォー・ザ・フューチャー)　10人程のお客を乗せた平底ボートを高所から水面に向かって傾斜面を滑走させて、水しぶきを上げて着水させるという遊戯施設。中藤保則の『遊園地の文化史』によれば、高さ10メートル、走路37メートル。写真裏には「昭和13年の頃」と書き込まれているが、『遊園地の文化史』によれば建設は1940(昭和15)年となっている。

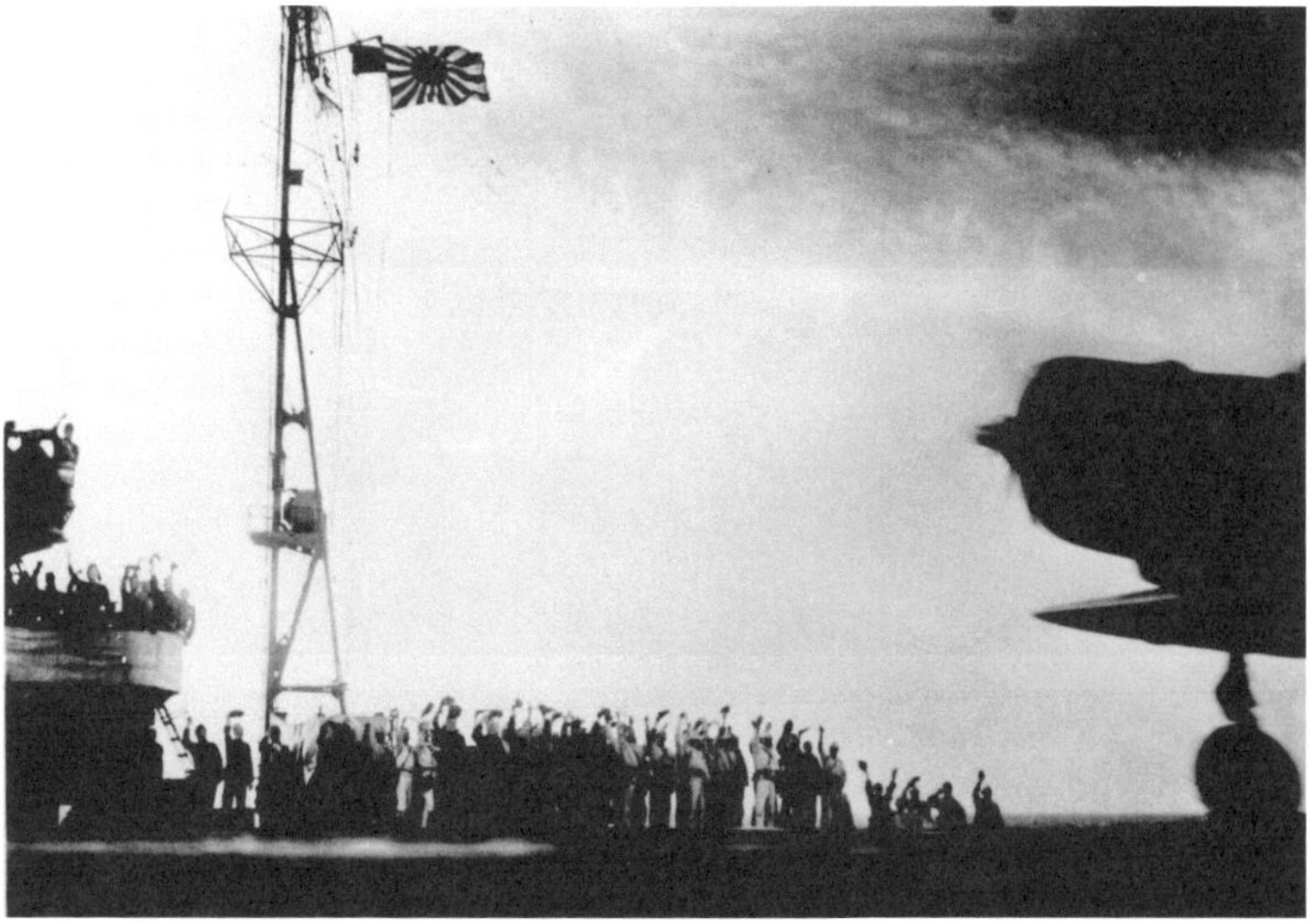

真珠湾攻撃出発の様子(The U.S. National Archives and Records Administration／80-G-30549. National Archives Identifier：520599)　第五航空戦隊空母「翔鶴」飛行甲板上より、真珠湾攻撃のために発艦する九七式艦上攻撃機(雷撃機)の写真とされている。1941(昭和16)年12月7日の撮影。

翌一九四四（昭和一九）年になると、状況はさらに悪化。あの浅草松屋の屋上で大人気を博したロープウェイ「航空挺」も、金属資源活用のために撤去された。さらに、同年一〇月には渋谷駅の「ハチ公像」までが供出させられることになる。まるでマンガの「のらくろ」のように、ハチも出征させられる羽目に陥《おちい》ったのだ。民間や〝犬〟にまで金属を差し出させるようになった時点で、もはや末期症状である。

同年には、せっかく遠藤が知恵を絞って木製で作った大宮八幡園のウォーターシュートも、鉄製でもないのに解体の憂き目《うめ》に遭った。最後まで頑張っていた浅草松屋の屋上「スポーツランド」も、戦争最末期にはついに閉鎖となった。こうして仕事がなくなった遠藤に軍の輸送隊から勧誘があったため、彼はトラックごと入隊することになる。結局、遠藤は終戦までこの輸送隊での勤務を続けた。

同じ一九四四年あたりから米軍による日本本土空襲が始まっていたが、一九四五（昭和二〇）年三月一〇日未明の東京大空襲から焼夷弾《しょういだん》を使った無差別爆撃を本格的に開始。大都市圏を中心に、米軍のB29が全国津々浦々まで情け容赦《ようしゃ》なく焼き払った。

そんな最中、同年五月二五〜二六日の空襲では渋谷の東横百貨店も炎上した。

しかし六月四日からは被災した同店内部を整理して、三階から五階までを焼失した東京横浜電鉄本社の事務所として使用。百貨店としては六月六日から地下で営業を開始する。戦火に焼かれながらも、東横百貨店は渋谷の駅でかろうじて生き残っていた。

すべてが焼き尽くされ、溶かされてしまった八月一五日、ようやく戦いは終わった。残された瓦礫《がれき》の山と疲弊《ひへい》した人々の姿には、以前の繁栄の跡はまったく見いだせなかったのではないだろうか。

ハチ公像供出を前にした「お別れ式」（提供：毎日新聞社）　金属供出も行き着くところまで行き着いて、ついには渋谷駅名物であれほど「忠犬」とモテはやされたはずのハチ公像にまで手をつけることになる。1944（昭和19）年10月12日に行われた「お別れ式」での撮影である。

空襲被害を受けた東横百貨店（提供：東急株式会社）　1945（昭和20）年5月25～26日の空襲では、ついに渋谷駅の東横百貨店も炎上した。『東京大空襲秘録写真集』（雄鶏社）に収録された石川光陽撮影の写真の中に似たアングルのものが含まれるので、これは渋谷警察前通りより東横百貨店を見た写真と思われ、周囲の状況から撮影は同じ5月26日と推定される。なお、この時に初代ハチ公像作者の安藤照も自宅で戦災死している。

COLUMN

「ひばり号」が浮かんだ空(3)

博覧会とロープウェイ

初期の日本のロープウェイは、しばしば博覧会との関わりで架設されていく。1914（大正3）年の東京大正博覧会しかり、1928（昭和3）年に仙台市で開かれた東北産業博覧会しかり。1989（平成元）年の横浜博覧会のゴンドラリフトも、会場内ではなかったが博覧会のために作られたものである。

そのせいかBIE（博覧会国際事務局）公認の「万博」でもロープウェイやゴンドラはお約束で、1970年（昭和45）年の日本万国博覧会（大阪万博）「レインボーロープウェイ」を皮切りに、1985（昭和60）年の国際科学技術博覧会（つくば科学万博）で「スカイライド」、1990（平成2）年の国際花と緑の博覧会（花博）で「フラワーキャビン」、2005（平成17）年の日本国際博覧会（愛・地球博）で「モリゾー・ゴンドラ」「キッコロ・ゴンドラ」……と次々と架設された。

そんな「万博」ロープウェイの元祖が、1940（昭和15）年開催予定だった「幻」の紀元2600年記念日本万国博覧会「スカイライド」。もしこのロープウェイが実現していたら、果たしてどのような絶景が見られただろうか。

大阪万博の「レインボーロープウェイ」（提供：大阪府） 会場中央部を東西に横切るもので、これは東側から見た写真。七重の塔は古川パビリオン、後方に日立グループ館。

「幻」の万博「スカイライド」 （會報『萬博』第1号・1936(昭和11)年5月号〈日本萬國博覽會事務局〉より／提供：乃村工藝社情報資料室） 4号埋立地と10号埋立地側の防波堤を結ぶ。

第4章
「ひばり号」への道

宝塚新温泉に架けられたロープウェイ（提供：松本晋一）　1950（昭和25）年に宝塚新温泉（後の宝塚ファミリーランド）の施設内に架設されたロープウェイは、その架設された場所といい時期といい、「ひばり号」誕生を考える上で非常に興味深いアイテムである。このロープウェイは施設内の移動に用いるというよりは、あくまでアトラクションという位置づけが強かったようだ。画像は絵葉書より。

1. 灼《や》けた大地からの芽生え

再び立ち上がる人々

一九四五（昭和二〇）年八月一五日、天皇によるポツダム宣言受諾《じゅだく》と日本の降伏を伝えるラジオ放送が、日本全土のみならず占領地や南方地域などでも流された。国土が荒廃し、人々が傷つき疲れきっていたこの時、誰もがうなだれるしかなかったかもしれない。

だが、この男はいつまでもうなだれてはいなかった。「ひばり号」を作った男、遠藤嘉一である。遠藤は軍の輸送隊でトラックを使う仕事に就き、そのまま敗戦を迎えた。だが、元来おとなしくしている性分ではない。戦争が終わって身動きしやすくなったところで、早速、新たなチャレンジを行うことにした。それも、こともあろうに自力での遊園地作りだ。

遠藤が目をつけたのは、戦前に木製のウォーターシュートを作った、あの大宮八幡園（P102参照）である。大宮八幡園も、戦災の痛手から免《まぬが》れてはいなかった。他の施設などと同様に設備の大半を失って、戦後はわずかに貸ボート業などを細々と営んでいる有様だった。そこに可能性を見いだしたのが遠藤だったのである。中藤保則の『遊園地の文化史』によれば、遠藤は一九四六（昭和二一）年に大宮八幡園の株の八割を二五万円で買った。『戦後値段史年表』（朝日新聞社）によれば、この年の公務員の初任給（月給）は五四〇円だそうである。当時、遠藤が支払った金額が、いかに法外な値段であったかおわかりだろう。

大宮八幡園の豆自動車（『レンズの記憶　杉並、あの時、あの場所』〈杉並区立郷土博物館〉より／提供：杉並区立郷土博物館）戦前の大宮八幡園にあった豆自動車。日本娯楽機製作所のカタログ『日本娯楽商報』（P63、P91参照）の中に掲載されている豆自動車のようにも見える。1937（昭和12）～39（昭和14）年の撮影。

京王電車沿線案内図に描かれた大宮八幡園（『京王電車沿線案内』〈東横百貨店〉より／提供：杉並区立郷土博物館）　京王電車の沿線案内図に描かれた「大宮公園」（大宮八幡園）。かつては案内図にランドマークとして表示される程度に、広く知られた場所だった。地図の内容から、1938（昭和13）年の春から1939（昭和14）年早々にかけての発行ではないかと思われる（協力：曽我誉旨生）。

この金額がポンと出せることからして、遠藤がいかに戦前に羽振りが良かったかがわかるが、それにしても……である。もちろん、遠藤は有り金をほとんどここに注ぎ込んだようだ。それまで遊戯機を納品したり、遊園施設の運営を任されたりはしてきたものの、自分の思い通りの遊園施設を作りたいという思いは抑え難かったのだろうか。そういう意味で、これは遠藤の長年の夢の実現だったのかもしれない。

だが、結果からいうとこれは時期尚早な試みだったようである。この時代、設備を作る資材がなかなか調達できず、資金も使い果たしていたので後が続かなかった。どうやら思い通りの遊園施設の創造は、実現することができなかったようなのだ。それでもこの時期にこの活力を持っていた遠藤には、驚嘆せざるを得ない。

そんな遠藤の思いに応えるかのように、彼が地位を築くきっかけとなった浅草松屋も復活に向けて動き出した。松屋提供の資料と前述『遊園地の文化史』を併せて参考にすると、浅草松屋の再開は一九四六年である。当初はとりあえず一階だけを開店することにしたが、一階七〇〇坪（約二三一四平方メートル）を売場と「スポーツランド」に充てることになった。なんと、しょっぱなから「スポーツランド」復活である。

『遊園地の文化史』によれば、任された遠藤はその期待に応えて豆汽車五台、木馬三台、ボール投げ一台を製作。これが、終戦直後の娯楽のない時代に大当たりした。早速、四階に「スポーツランド」のためのスペースを割くということになり、遠藤の奮闘によって一九四七（昭和二二）年に移転した。

だが、屋上遊園地としての復活にはまだ至っていない。「スポーツランド」は屋内の施設に留まっていた。

一方、渋谷の街も徐々に元の状態を取り戻しつつあった。『東京急行電鉄50年史』によれば、東横百貨店は一九四六年一月から三～四階を劇場に改装して映画・演劇の興行を始める。それも、同年九月五日には三～四階を百貨店として復旧させた。その後、二階～四階、玉電ビル（東横百貨店別館）の一階と地下一階を売場として使用するようになったが、一九四八年九月に五階を、一九五〇（昭和二五）年一〇月に六～七階を売場に復旧して、

焼け跡に建つ浅草松屋（提供：東京大空襲・戦災資料センター）　空襲で焦土と化した浅草に、かろうじて建っている浅草松屋の建物。しかしながら、その内部は火災で激しいダメージを受けていた。右端に見える屋根は地下鉄出入口。左端に建っているのは神谷バーである。1945（昭和20）年3月19日、日本写真公社・深尾晃三の撮影。戦後における百貨店の復活は、1946（昭和21）年頃から次々と実現した。浅草松屋も同年12月から再開している。

二代目ハチ公除幕式（提供：白根記念渋谷区郷土博物館・文学館）　初代「ハチ公像」を製作した彫刻家・安藤照の息子の士が二代目を製作。原材料の銅が手に入らなかったので、たまたま焼けた自宅で発見された照の銅像「大空に」（第7回帝展・帝国美術院賞受賞）を溶かしてこの像を製作した。照は1945（昭和20）年5月25日、東横百貨店はじめ渋谷一帯を焼いた米軍の空襲のため54歳で死去。1948（昭和23）年8月15日に撮影。

なんとか百貨店としての完全な姿に戻ることができた。復旧のスピードは、実は予想以上に早い。

さらに、渋谷駅になくてはならない存在も帰ってきた。金属供出で失われた、あの「ハチ公」像である。

ハチ公像の再建は、一九四七年（昭和二二）年に東京商工会議所事務理事の吉阪俊蔵の音頭取りで始まった。早速、銅像再建世話人会が発足して、東京都民生局長の上平正治、東京都計画局都市計画課長の石川栄耀、渋谷区長の佐藤健造ら一三名の錚々《そうそう》たるメンバーが、東京商工会議所に集まって再建方法を協議するというから只事《ただごと》ではない。建設資金約二〇万円は、渋谷駅前に設けた募金箱で一般から集めるということになった。

戦後のハチ公像「ニューバージョン」を作ることになったのは、元のハチ公像を作った安藤照（P83参照）の長男である弱冠二六歳の安藤士《たけし》。一時期は戦後民主主義の世の中に「忠犬」はマズいと、「愛犬」だの「名犬」だのと異論が出たものの、やはり座りが悪いのか「忠犬」に戻ったというから人間様は勝手なものである。翌一九四八年五月二〇日には地鎮祭《じちんさい》が行われ、同年八月一五日には除幕式が開かれる。こうしてハチ公像はおよそ五年ぶりに渋谷駅に戻ってきたのである。

ただし、場所は戦前のそれとは大きく異なる。以前は渋谷駅の玄関口すぐ近くに設置され、駅側から外を向く姿勢だった。今回は駅の玄関口から離れて、駅前広場（現・ハチ公前広場）の西のはずれ。向きも北向きに据え付けられた。以来、ハチ公像は渋谷駅前をあちこちに移動することになる（P181参照）。

さらに一九四九（昭和二四）年一〇月には、駅前広場に鎮座していたビルをそのまま広場の片隅まで移動させるという珍工事が行われる。これは三菱銀行渋谷支店のビルで、れっきとした鉄筋コンクリート三階建て、総重量一二〇〇トンにも及ぶ建物である。ジャッキを使って地上二メートル半の高さに浮かし、ころとレールで約五〇メートル移動させようという難事業。戦前〜戦後を通じて常に変貌を遂げ、大胆に進化を続ける渋谷の歴史の中でも、一際異彩を放つ工事だったのではないだろうか。

渋谷駅前で行われたビルの移動（東横沿線コミュニティー誌『とうよこ沿線』36号〈東横沿線を語る会〉より／提供：二村次郎／協力：岩田忠利）　1949（昭和24）年10月に行われた、三菱銀行渋谷支店のビルの移動作業の様子。かねてより渋谷駅前広場のど真ん中に鎮座して何かと邪魔だったこのビルを、ジャッキで持ち上げて「ころ」やレールで広場の端まで移動させようという試みである。いずれも東横百貨店本館屋上から撮影したものと思われる。下写真で、移動したビルのすぐそばにあるのは玉電ビル（東横百貨店別館）である。総工費は約1000万円、工事施工は間組（現・安藤ハザマ）。

息を吹き返す屋上遊園地

戦後、百貨店の屋上遊園地が復活したのは、果たしていつ頃なのだろうか？

その問いに完璧に答えるのは難しいが、それらしき証拠はある。一九四九（昭和二四）年四月二日付朝日新聞、その六面に掲載された記事（P161参照）がそれだ。

そこには、屋上遊園地が「こんど初めて新宿三越支店に復活、一日開場した」とある。これが本当に「戦後初」であったかどうかについては数々異論もあろうが、一九四九年あたりから百貨店の屋上遊園地が「復活」した……というのは間違いないだろう。

それが証拠に、同新聞の同じ六面の下方には渋谷・東横百貨店の小さい広告が掲載されているのだ。地味でそっけない広告ではあるが、そこにはハッキリとこう書かれている……「新設　屋上遊園」。

どうやら東横百貨店の屋上遊園地は、これが始まりのようである。

その当初からかどうかはわからないが、あの遠藤嘉一率いる日本娯楽機が東横百貨店屋上遊園地の運営を任されるようになる。「ひばり号」誕生まであと二年。ついに遠藤が、満を持して渋谷に登場である。

浅草松屋「スポーツランド」も復活して多忙をきわめていたであろうと思われる遠藤だったが、全財産を投じて再建に賭けた大宮八幡園は復活が頓挫《とんざ》したまま。改めて「まっさら」な場で、自分の思うような遊園施設を作ってみたい気持ちに駆られたとしても不思議ではない。それまで屋上遊園地のなかった渋谷は、遠藤にとって文字通り「処女地」だったはずである。

すべての下地はでき上がった。ロープウェイ「ひばり号」の登場、待ったなしである。

東横百貨店の新聞広告（1949〈昭和24〉年4月2日付『朝日新聞』より／提供：国立国会図書館）「新設　屋上遊園」という文言が書かれた、戦後まもなくの東横百貨店の広告。おそらく、これが同店の屋上遊園地の始まりである。2013（平成25）年3月29日付『毎日新聞』夕刊には同店の屋上遊園地の起源について、「混乱期だけに正確な資料は残っていないが、経営する『ニチゴ』（日本娯楽機の後身）によると47～48年ごろ」と書かれている。しかし、実際にはこの1949年で間違いないだろう。

東横百貨店の屋上遊園地（提供：白根記念渋谷区郷土博物館・文学館）　開業当初の東横百貨店屋上遊園地の様子。撮影はすでに「ひばり号」があった頃の1952（昭和27）年ということだが、まだあまり設備などが整っていないようである。これが建物のどちら向きなのかは不明だが、画面右側にお稲荷が見えている。

2. 「ひばり号」誕生前夜

宝塚に「ひばり号」の予兆

渋谷駅に東横百貨店ができた。そのすぐそばに、後に玉電ビル（戦後に東横百貨店別館と改称）もできた。さらに東横百貨店に屋上遊園地もできて、そこに「生みの親」遠藤嘉一もやってきた。お膳立てはすべて揃った。

では、「ひばり号」はどういう経緯で誕生したのだろうか。

この件については、今となってはなんら明確な回答を得ることはできない。すでに遠藤嘉一は鬼籍《きせき》の人であり、おそらくは「ひばり号」誕生に携《たずさ》わった他の人々もほとんどいない。さらに、誰もコメントを残していない。

だから、ここではすべてを「状況証拠」で探していくしかないのだが、ひとつの興味深い出来事が、ひばり号誕生の前年となる一九五〇（昭和二五）年にあったのである。

それは、東京・渋谷から西に遠く離れた場所……兵庫県宝塚市、遠藤嘉一がアミューズメント業界に足を踏み入れる最初の一歩となった宝塚新温泉（後の宝塚ファミリーランド）でのことである（P56参照）。

同年六月六日に、この宝塚新温泉に一本のロープウェイが架設されたのだ。

宝塚歌劇団が発行する機関誌『寳塚《たからづか》グラフ』昭和二五年七月号には、乙羽《おとわ》信子《のぶこ》など四人のタカラジェンヌがこのロープウェイに乗る様子が紹介されている。宝塚新温泉の「新名物」として売り出されていた訳だ。その誌面に掲載された写真を見ると、「壮快 空中電車 遊覧ロープウエー」と書かれているだけで愛称のようなものはない。

戦前の宝塚新温泉（提供：宝塚市立中央図書館）　昭和10年代（1935～44）頃の絵葉書に掲載された写真である。中央やや左の大きな建物が宝塚歌劇団の大劇場で、背後に流れるのが武庫川である。前出の、1932（昭和7）年発行『宝塚』に掲載された鳥瞰図（P57参照）と見比べてみると興味深い。もちろんロープウェイが作られた戦後には、その姿は一変している。

タカラジェンヌを乗せたロープウェイ（『寳塚グラフ』1950（昭和25）年7月号〈宝塚歌劇団〉より／提供：松本晋一／協力：株式会社宝塚クリエイティブアーツ、阪急電鉄株式会社）　宝塚新温泉にできた「新名物」を紹介するために、4人のタカラジェンヌがロープウェイに乗ってPRする様子を紹介した写真。同誌の16～17ページに掲載されたもので、左から乙羽信子、東郷晴子、朝倉糸子、藤代彩子。開通式の日に撮影されたとのことだが、『日本近代の架空索道』によればロープウェイ開通は1950年6月6日となっている。

作られたのは同施設の「おとぎセンター」ゾーン内。そこから外に移動する手段ではなかった。

ここで注目したいのは、あの遠藤嘉一が宝塚新温泉でロープウェイとの二度目の出会いを果たした可能性がある……ということである。もちろん一度目は、浅草松屋屋上の「航空艇」（P64参照）だ。

宝塚のロープウェイが架設された時期に遠藤が宝塚新温泉と関わりを持っていたかどうかについては、実はこれといった確証がない。しかし、遠藤が初めて遊戯機を納入したのがこの宝塚新温泉であり（P56参照）、戦前の自社商品カタログ『日本娯楽商報』の顧客リストに宝塚新温泉の名前を入れていたこと（P91参照）、宝塚新温泉の創始者・小林一三が東京の錦糸町《きんしちょう》に作った江東楽天地《こうとうらくてんち》に遠藤が関わっていること（P148参照）……を考えると、遠藤がなんらかのかたちで戦後も宝塚新温泉と関わりを持っていたと考えるのが自然だろう。そして、遠藤は「現場」に自ら足を運ぶ男である。ならば、宝塚新温泉にも出向いていたであろうし、そこに作られた「新名物」は遠藤の目を大いに惹《ひ》いた可能性が高い。当時、まだロープウェイは珍しい乗り物だった。

前述した通り、浅草松屋の「航空艇」は遠藤の日本娯楽機（当時は日本自動機娯楽機製作所）によって架設されたものではない（P66参照）。当時はまだ遠藤は大型遊園施設を手がけていなかったから、無理もない話である。一応乗り物としての安全性を考えた場合、遠藤にはまだそのノウハウも自信もなかった。

そして、宝塚のロープウェイは、単なるアトラクションにもかかわらず本格索道《さくどう》メーカーである安全索道が架設していた。ならば遠藤は、ここで安全索道からなんらかのノウハウを吸収したのではないか。

また、もし当時の遠藤が新たに任された新天地・渋谷の東横百貨店本館屋上に、何か起爆剤となるアトラクションが欲しいと考えていたならば、宝塚のロープウェイはその大きなヒントとなったのではないだろうか。それをモノにすることができたなら、遠藤にとっては浅草松屋の「航空艇」のリベンジにもなる……。

それゆえに、宝塚新温泉のロープウェイは「ひばり号」への導火線だったと考えたくなるのである。

宝塚新温泉〜宝塚ファミリーランド内のロープウェイ（上・提供：松本晋一）**とゴンドラ**（下・『安全索道100年の仕事　1915〜2015』〈安全索道株式会社〉より／提供：安全索道株式会社）　1950（昭和25）年にできた「壮快 空中電車 遊覧ロープウエー」は、「おとぎセンター」（後に「ポップンランド」〜「ポップンガーデン」と名称変更）のゾーン内のみで運行されたもので、1969（昭和44）年頃までは存在していた。宝塚新温泉は1960（昭和35）年に宝塚ファミリーランドに改名。ちなみに1961（昭和36）年3月には園内にゴンドラ「スカイウェイ」も作られ、「おとぎセンター」〜「科学遊園」（後に「マシーンランド」〜「ファンタジーガーデン」と名称変更）間を運行。こちらは1999（平成11）年2月8日に廃止されている。

復興する社会と「ひばり号」の誕生

戦争が終わりを告げた一九四五（昭和二〇）年八月から五年が経過しようとする頃、日本の社会もようやく活気を見せるようになり、従来の姿を取り戻し始めた。

一九四九（昭和二四）年五月一六日には、東京、大阪、名古屋の証券取引所がそれぞれ取引を再開した。取引所では戦時中も株式売買は続けられていたものの、戦況の悪化によって株価は下落。一九四五年三月の東京大空襲後は、政府が無制限に株価を下支えする状態だったようである。さらに八月の広島・長崎への原爆投下で市場は停止。ここまで取引所はずっと閉鎖されていた。それが、ここへきてようやくの再開である。

この年の八月にロサンゼルスで行われた全米水上選手権大会では、「フジヤマのトビウオ」の異名をとった古《ふる》橋廣之進《はしひろのしん》がリレーを含む四種目で優勝するとともに世界新記録を樹立。同年一一月四日に湯川秀樹《ゆかわひでき》のノーベル物理学賞受賞が発表されたことと併せて、敗戦でうつむいていた日本人がようやく自信を取り戻すようなニュースが相次いだ。どちらも海外を舞台にした日本人の活躍であり、スポーツと科学という両極端の分野での業績だったからこそ、いろいろな意味で戦後の立ち直りを象徴させる出来事だったといえる。

また、一九五〇（昭和二五）年二月の第一回「さっぽろ雪まつり」や一九五一（昭和二六）年一月の第一回「NHK紅白歌合戦」など、この時期からスタートしたイベントも多い。そういう意味では、日本人の間に「楽しむ」余裕が出てきたともいえるだろう。だからこそ、ここで遠藤嘉一の出番という訳である。

だがその一方で、またしても世間に不穏な空気を醸し出す出来事が起こっていた。一九四九年七月に起きた、下山事件《しもやまじけん》がそれである。

国鉄総裁の下山定則《さだのり》が七月五日朝に自動車で国鉄本社に向かう途中、運転手を待たせて日本橋三越《みつこし》本店に入ったまま失踪《しっそう》。翌六日未明に、足立《あだち》区綾瀬《あやせ》の国鉄常磐線・線路上で轢死体《れきしたい》となって発見された怪事件である。事件

昭和２４年（1949年）８月１５日（月曜日）

水泳選手・ロサンゼルス到着

來た『フジヤマの飛魚』

古橋らの力泳に感嘆

中・長距離では日

百・二百は米

丸山　田中　浜口　橋爪　古橋　村山

古橋廣之進らのロサンゼルス到着を伝える記事（1949〈昭和24〉年8月15日付『朝日新聞』より／提供：国立国会図書館）　全米水上選手権大会に出場する「フジヤマのトビウオ」こと古橋廣之進ら日本水泳選手団一行が、1949年8月13日午前6時45分、ロサンゼルス空港に到着した様子を伝える新聞記事。日本出発前に連合国軍総司令官ダグラス・マッカーサーから激励を受けた彼らは、8月16日からの大会でめざましい活躍を見せた。

昭和２４年（1949年）１１月４日（金曜日）第２２８７６号

湯川博士にノーベル賞

日本人で最初の栄誉

世界に輝く「中間子論」

現に渡米中　兄弟そろって学者

賞金三万ドル

物理学界の

湯川秀樹博士

文化の日

湯川秀樹のノーベル物理学賞受賞を報じる記事（1949〈昭和24〉年11月4日付『朝日新聞』より／提供：国立国会図書館）　1949年11月3日、湯川秀樹が同年度のノーベル物理学賞を受賞したことがストックホルムで発表された。湯川は日本人初の受賞という「快挙」だが、これは当時の日本人にとってそれ以上の意味を持っていた。なお、湯川は前年より米プリンストン高等学術研究所に招かれ、受賞当時はコロンビア大学客員教授に就任していた。

発生時からナゾに包まれた事件で、下山総裁の遺体発見とともに自殺・他殺両方の線で大いに世間を騒がせた。

結局は真相はわからず迷宮入りのまま時効となったが、同年七月一五日には国鉄中央本線の三鷹《みたか》駅構内で無人列車が暴走した三鷹事件、八月一七日には福島県内の国鉄東北本線で人為的な列車脱線転覆事故が起きた松川《まつかわ》事件……と、この年には国鉄にまつわる三つのミステリアスな事件が連発。戦争の痛手から落ち着きを取り戻しつつあった日本の社会に、どんよりとした暗い影を落とした。

そして、一九五〇年六月には朝鮮戦争が勃発《ぼっぱつ》。世の中がすっかり平和になって、新しい社会を築こうとし始めたところに、また戦争である。それも日本のすぐ隣での戦争であり、そこに投入されたアメリカ軍の兵力は、日本の米軍基地から送り出されていた。戦後まもなく激しくなっていった米ソ対立が、ここでハッキリと顕在化した訳だ。おそらく、当時の人々はいささか憂鬱《ゆううつ》な気分に包まれたのではないだろうか。

戦局は一進一退を繰り返し、連合国軍総司令官ダグラス・マッカーサー率いる国連軍は思わぬ苦戦を強《し》いられることになる。だが皮肉なことに、この戦争が日本の復興を大いに促進することになったのも事実である。

また同じ年の七月二日には、京都の金閣寺（鹿苑寺《ろくおんじ》）が放火で全焼するという事件も起こった。放火したのは徒弟である大学生だったが、その動機が不可思議であったことから数々の小説や映画作品の題材ともなった。ちなみに、今日、私たちが見ることのできる煌《きら》びやかな金閣は一九五五（昭和三〇）年に再建されたものだが、焼失前の金閣はほとんど金箔《きんぱく》が剝《は》げた状態だったようである。

水面下では不穏な空気が漂いながらも、徐々に復興を遂げていく日本。一九五一年六月五日付毎日新聞には、そんな当時の様子を伝える記事が載っている。東京都内各所で競うように行われていた、ビルの建設ラッシュに関する記事だ。そこでは前年一九五〇年三月の建築資材統制の緩和、七月の鉄鋼統制の解除に加え、例の朝鮮戦争による「特需景気」が後押ししての建設ラッシュと説明している。実際にはこうした気運が巡り巡って、最終

昭和24年（1949年）7月6日（水曜日）　第22755号

下山國鉄総裁消息を絶つ

登廳の途中三越から

手掛りなし

ユウカイとは思えぬ

"用事は五分ですむといって"

大西運轉手談

下山事件を報じる記事（1949〈昭和24〉年7月6日付『朝日新聞』より／提供：国立国会図書館）　当時の国鉄総裁である下山定則が、1949年7月5日朝に自動車で国鉄本社に向かう途中、運転手を待たせたまま日本橋三越本店に入って失踪。翌6日未明には足立区綾瀬の国鉄常磐線・線路上で列車に轢断された遺体となって発見されるが、結局、事件は迷宮入りしてしまった。

昭和25年（1950年）6月26日（月曜日）　第23109号　（日刊）

朝日新聞

北鮮、韓國に宣戦布告

京城に危機迫る

38度線総攻撃　侵入軍臨津江突破

東海岸からも上陸

臨津江西方全

開城・

朝鮮戦争勃発を報じる記事（1950〈昭和25〉年6月26日付『朝日新聞』より／提供：国立国会図書館）　1950年6月25日午前4時、南北の境界線である38度線で北朝鮮軍の砲撃が開始され、同軍と韓国軍の間で戦闘開始。1953（昭和28）年7月27日の休戦協定調印によって休戦となったが、終戦ではないので実際には現在も戦時下である。

的に「ひばり号」にトドメを刺してしまうのだが……。

そんな復興ムードにあふれる一九五一年、渋谷の東横百貨店屋上を任された遠藤嘉一はいよいよ「ひばり号」の架設へと取り組むことになる。それは、実際どのように行われたのだろうか。

「ひばり号」について残された最初の記録は、一九五一年四月一七日付毎日新聞都内版の小さな記事である。この記事によれば、「去る二月から七百万円の予算で建設中」とあるので、どうやら「ひばり号」の建設は一九五一年二月に開始されて、四月の段階ではまだ工事中だったようである。そしてこの記事の時点では、「来月（五月）五日『子供の日』からお目見得」の予定だったようだ。次に記録に残っているのは、前述した同年六月六日付朝日新聞の記事（P15参照）。こちらでは「このほどやっと黄と赤のゴンドラの取付けまでこぎつけた」と書かれているので、一応、ロープウェイのカタチになったのは六月初めということになる。つまり、「ひばり号」の工事は実質的には一九五一年二月〜六月初めと考えるべきだろう。さらに、上を通過されることになる国鉄からクレームがついたため、駅の上に金網を張ったりして完成が遅れたのは前述した通り。この記事の時点では六月二〇日頃から開通させる予定だったことも、すでに第一章で述べた通りだ。

しかしながら、なぜか「ひばり号」のデビューはズルズルと遅れる。同年七月一八日付読売新聞夕刊に掲載された記事には「その梅雨明けの都心の空にフワリと戦後はじめて空中ケーブルが誕生した」と書かれてはいるが、肝心のそのデビュー日については触れられていない。ただ、「（七月）二五日には試運転が行われる」と書かれているだけだ。遠藤と日本娯楽機にとっては初めてのロープウェイだけに、慎重を期したのか。

そんな難産の末、「ひばり号」は同年八月二〇日か二五日にようやく渋谷駅上空にデビューしたのである。

e Mainichi　昭和26年6月5日　(火曜日)

ビル！ビル！ビルのラッシュ

五十ヵ所が目下工事中

上へ下へ伸びる東京新立体図

東京のビル・ラッシュは昭和二年をしのぐ活況を呈し、都内こ

東京都内のビル建設ラッシュを報じる記事（1951〈昭和26〉年6月5日付『毎日新聞』より／提供：国立国会図書館）　都建築局によると、この段階で工事中の5階建て以上のビルは都内で約50か所。すでに1951年に入って記事発表時までに東京海上ビル、昭和産業ビル、都庁舎、三井ビル、歌舞伎座、明治座が完成。1951年内に日活国際会館はじめ13のビルが完成予定。当然、この流れが渋谷に波及してくるのは時間の問題だった。

東横線と東横百貨店（提供：東急株式会社）　東横百貨店本館と渋谷駅に入って行く東横線の列車をとらえた写真。東横百貨店別館（旧・玉電ビル）は低くてほとんど見えない。撮影は1951（昭和26）年4月ということなので、すでに「ひばり号」の架設工事は始まっていたはずである。

わが国現役最古のロープウェイ

桜の名所として知られる奈良県の吉野山に、わが国現役で最古のロープウェイが存在していることをご存知だろうか。

その吉野山ロープウェイは、1929（昭和4）年3月12日より開業。旅客用ロープウェイとして全長349メートル、高低差103メートルに及ぶ千本口駅～吉野山駅間の区間を、搬器2台で運行している。単に国内現役最古というだけでなく、架設当初の形態をかなりいい状態で今日まで保っているという点も注目すべき点である。

創業者である内田政男が、「人を運ぶロープウェイを吉野山に作りたい」と実現に乗り出すが、当初、空中を移動するロープウェイという乗り物への無理解から、独力で資金調達を開始。そのうち地元の有志たちとともにケーブル建設に動いた。こうして千本口駅～吉野山駅までの349mの索道架設が認められ、1928（昭和3）年に安全索道商会（現・安全索道）の手によって建設開始。翌1929年には開通に漕ぎ着けた。当時の片道運賃は15銭だったという。

戦争中は鉄材として供出しろという軍からの圧力にも抵抗。なんとかロープウェイを守り通した。

2012（平成24）年には日本機械学会の「機械遺産」に認定。世界遺産「紀伊山地の霊場と参詣道」の重要な交通手段として今日も健在だ。

今日の吉野山ロープウェイ（提供：吉野大峯ケーブル自動車株式会社）

昭和30年代のロープウェイと創設者の内田政男（提供：吉野大峯ケーブル自動車株式会社）

第5章
「ひばり号」の終焉

開業当時の「ひばり号」（提供：共同通信社）　東横百貨店本館屋上の乗降場側から東横百貨店別館（旧・玉電ビル）屋上へと向かう「ひばり号」をとらえた写真。手前の乗降場に立つ女性が風船を持っているところから、メディア向けのPRとして撮影されたものと考えられる。撮影は1951（昭和26）年8月25日ということなので、8月25日開業日説が正しければ、これはその開業時に撮影された写真ということになる。

1．「ひばり号」を墜《お》としたもの

渋谷駅上空、さまざまな「思惑」

一九五一（昭和二六）年二月より工事を開始し、国鉄からのクレームにもなんとか対応して六月初めにはほぼ完成していた「ひばり号」。だが、多額（当時の金で約五〇〇万とも七〇〇万ともいわれる）の投資をしてマスコミにも発表しながら、（最速でも）七月二五日まで試運転もできないまま放置状態を強《し》いられることになる。このような回り道をしなくてはならなかったのは、おそらく監督官庁の許可がなかなか降りなかったからだろう。この分野では、遠藤嘉一も「初心者」で不慣れであったから……ということもあったかもしれない。

そもそも山手線の上を横切って動くロープウェイを渋谷駅のど真ん中に作るという発想は、誰もが思い付くものではない。いや、仮に発想したとしても、その実現までの数々の苦労を考えると最初から挫折《ざせつ》してしまいそうだ。それを無理矢理やってのけてしまうのだから、遠藤という人物は非凡なのである。

そしてひとたびそれが実現すれば、新聞が取り上げ映画が飛びついてくる。何よりも、屋上遊園地を訪れた子供たちが列をなして押し掛ける人気ぶりである。遠藤は賭けに勝ったのだ。

だが、そんな大人気のアトラクションだった「ひばり号」は、わずか二年間で姿を消すことになる。実はその運命は、信じ難いことに「ひばり号」が開業して一年も経たない時期にすでに決していた。「ひばり号」の到着地点となっている東横百貨店別館に、増築の計画が持ち上がったのである。

山手線の上を行く「ひばり号」(提供：共同通信社)　おそらく東横百貨店本館(後の東急百貨店東横店・東館)屋上から、現在の渋谷マークシティなどがある方向を見た写真。「ひばり号」の下には山手線の線路とホーム。このアングルから撮影された写真は珍しい。1951(昭和26)年8月25日に撮影。

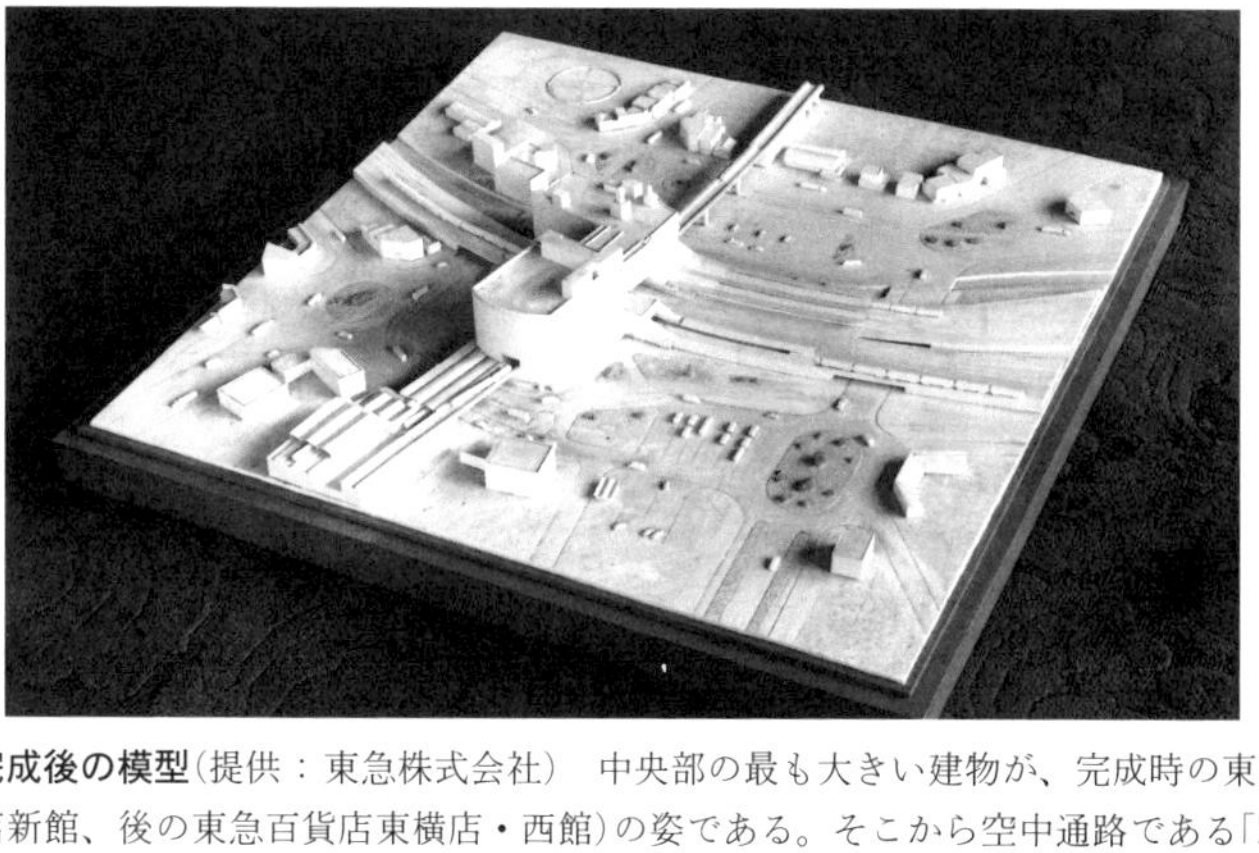

東急会館完成後の模型(提供：東急株式会社)　中央部の最も大きい建物が、完成時の東急会館(＝東横百貨店新館、後の東急百貨店東横店・西館)の姿である。そこから空中通路である「跨線廊」を介してつながっている建物が、東横百貨店本館(後の東急百貨店東横店・東館)。左右に通過するのが山手線(現・JR山手線)、写真の上方から建物につながるのが地下鉄銀座線(現・東京メトロ銀座線)、東横百貨店本館から山手線と平行するように右側に走るのが東横線(現・東急東横線)、写真の手前(下方)に走るのが京王帝都井の頭線(現・京王井の頭線)である。

元々、東横百貨店別館は旧・玉電ビルであり、それは本来なら七階建てのビルとして建設されるはずだった。ところが戦前の鉄材の統制によって、途中で工事を中断。二階〜四階建ての奇妙な形状で完成させられていた（P100参照）。それを、新たに一一階建ての「東急会館」として増築しようというのが今回の計画である。

この増築についてまとめた冊子である『東急会館工事報告』（東京急行電鉄株式会社）には、当時の東京急行電鉄取締役の馬淵寅雄が書いた『東急会館実現までのいきさつ』なる一文がある。それによれば、東急会館をはじめとする渋谷の総合開発計画についての研究を建築家の坂倉準三《さかくらじゅんぞう》に依頼するように、「（五島慶太）会長から下命があったのはたしか昭和二七年春であった」とある。増築となれば、そこに架かる「ひばり号」もはずさねばならない。つまり一九五二年春の段階で、「ひばり号」の撤去はほぼ決定していたのだ。

「この年（一九五二年）の四月八日が最初ですね」と語るのは、当時、坂倉準三建築研究所に所属していた北村脩一である。北村はそこで東急会館の設計に携《たずさ》わっていたスタッフのひとりだ。「坂倉準三建築研究所の図面台帳に、最初に東急会館関連の図面が登録されたのがこの日です」

書き起こされた設計用の図面は、必ず図面台帳に登録して整理する。四月八日付で図面台帳に登録された東急会館関連の図面は、合計七点。「二〇〇分の一ぐらいの縮尺の図面ならば一週間で書ける」とのことだが、七点も書き上げるにはそれなりに日数がかかると思われる。この話が坂倉準三建築研究所に持ち込まれたのは一九五二年春……とのことだが、「春」といってもかなり早い段階、おそらく一月頃ではないだろうか。

もちろん、五島慶太の新生「東急会館」構想自体は、それよりずっと前の時期に生まれていたはずだ。そもそも、五島慶太は玉電ビル工事中断の時から「いつかは計画通りに完成させたい」と思っていた可能性もある。だとすると、「ひばり号」はその誕生の段階ですでに「短命」が運命付けられていたのかもしれない。

ともかくこのようにして、遠藤嘉一が苦心惨憺《さんたん》して実現まで漕《こ》ぎ着けた「ひばり号」に、無情にも終焉《しゅうえん》に向け

現場職員の記念写真(『東急会館工事報告』〈東京急行電鉄株式会社〉より／提供：北村脩一／協力：東急株式会社、株式会社坂倉建築研究所)　1954(昭和29)年11月の東急会館竣工式後に撮影された現場職員(東急工務部部員および坂倉準三建築研究所所員一同)による記念撮影。本書で建設当時のことについて証言している北村脩一は2列目の左から3人目。東京急行電鉄から設計の仕事を請け負った坂倉準三は、同じ2列目の右から5人目、メガネをかけた人物である。

工事着工前の東横百貨店別館(『東急會館』〈東京急行電鉄株式会社〉より／提供：北村脩一／協力：東急株式会社、株式会社坂倉建築研究所)　まだ東急会館の増築工事が始まる前の、東横百貨店別館＝旧・玉電ビルの様子である。アングルとしては、2ページ前の「東急会館完成後の模型」とほぼ同じ角度から見ている。よく見てみると、東横百貨店別館＝旧・玉電ビル側にかすかに「ひばり号」のケーブルが残っているのが確認できるため、かなりギリギリまで運行されていた可能性がある。1953(昭和28)年10月の撮影。

てのカウントダウンが始まってしまった。

「当時、私は二二か三でしたかね。今の芸大（東京藝術大学、当時の東京美術学校）を二〇歳で卒業しましたから」と、北村は東急会館の仕事に取り組んだ頃を思い出して語る。「東急会館は、いわゆる多目的な建物のはしりでした。坂倉準三建築研究所には熱心な若い人が集まってましたから、いろいろ勉強になりましたね」

東急会館の建築は東横百貨店別館＝旧・玉電ビルの増築ではあるが、単なる「増築」にとどまるものではなかった。東急会館（東横百貨店新館）の完成記念に発行されたパンフレット『東横百貨店新館完成記念　伸びゆく東横』（東横百貨店）にある設計者・坂倉準三の言葉を借りれば、「国鉄線（山手線）、地下鉄線（現・東京メトロ銀座線）、玉川線、京王帝都井の頭線（現・京王井の頭線）の綜合駅を内に含み、国鉄線をへだて、東横線終着駅に接する大ターミナル・デパートとなるもの」であり、上層階には公会堂としての東横ホールが設けられるという大掛かりな建物である。さらに地下鉄線の上を「跨線廊《こせんろう》」と呼ばれる空中通路（百貨店売場を兼ねているため「中新館」とも称した）を渡して、これを山手線をまたぐカタチで東横百貨店本館につなぐという立体交差的な構造をも持っていた。単に旧・玉電ビルの上に新たな階層を上乗せするだけでも難工事が予想されるところに、さらに複雑きわまりない構造を持った巨大ビルを建設するという一大事業だったのである。

当然、東急会館建設の話を聞いた時点で、遠藤も「ひばり号」を撤収しなければならないと即座に悟《さと》ったはずである。それがいつ頃のことだったかはわからないが、坂倉準三建築研究所で図面が書かれるようになった時点では、もうそれは公然のこととなっていたのではないだろうか。その際の遠藤の無念さは、察するに余りある。連日、子供たちに大人気だったというのだから、なおのことだっただろう。

では、「ひばり号」の実際の終焉はいつのことだったのだろうか？

実は「ひばり号」の運行がストップになった日については、今のところ記録を発見できていない。考えてみれ

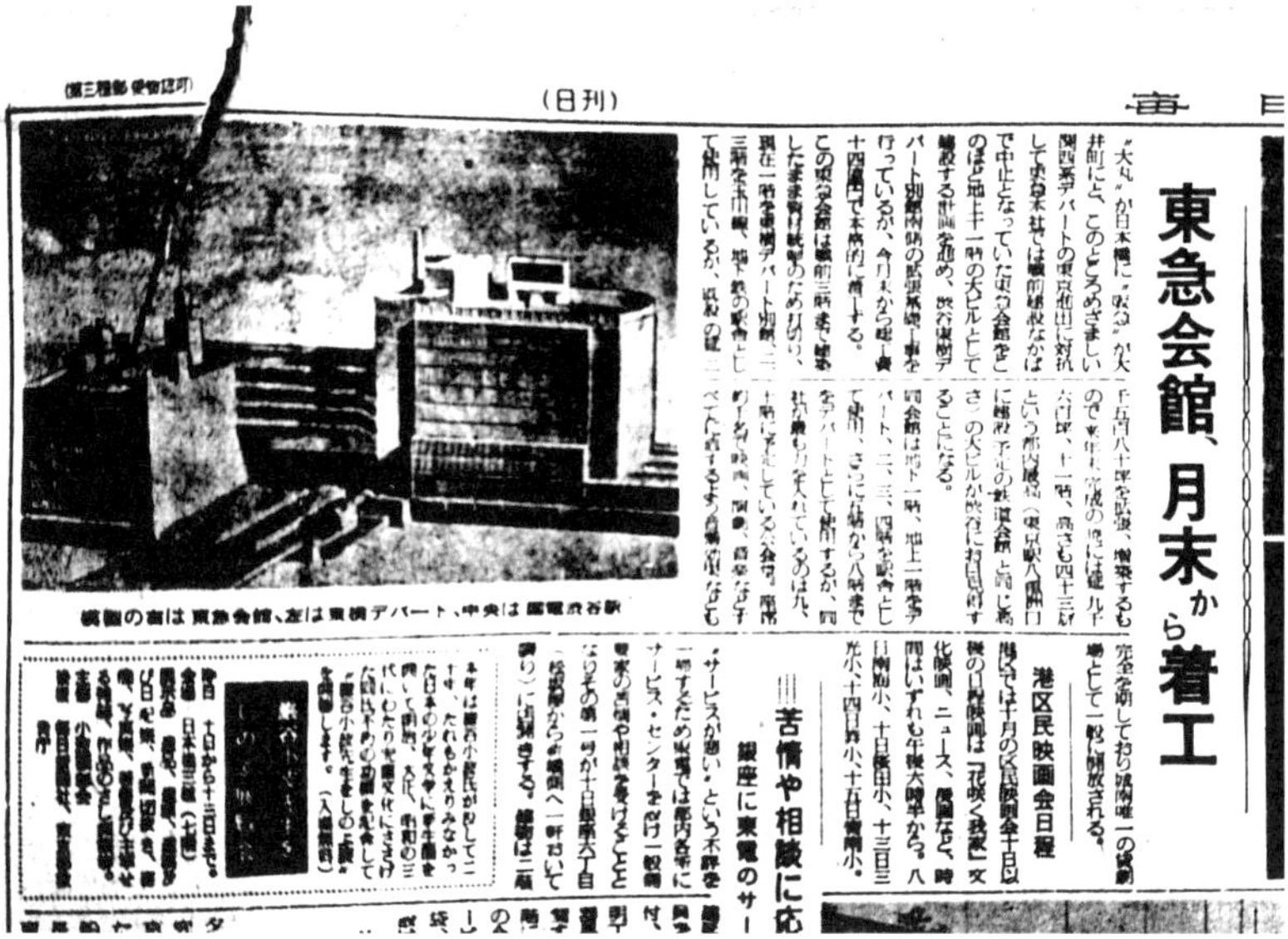
(日刊)

東急会館、月末から着工

模型の右は東急会館、左は東横デパート、中央は国電渋谷駅

港区民映画会日程

苦情や相談に応

銀座に東電のサー

着工間近な東急会館を報じた記事(1953〈昭和28〉年10月9日付『毎日新聞』より／提供：国立国会図書館) 1953年10月末より東急会館の工事を着工することを報じた新聞記事。この記事によれば、総工費14億円。大丸(記事では日本橋と書かれているが、実際には1954〈昭和29〉年に東京駅八重洲口に開店した「東京店」のこと)や阪急(1953年に大井町に開店した「大井阪急」〈現・阪急百貨店大井食品館〉のこと)など関西系デパートの東京進出に対抗するための増築であると書かれている。

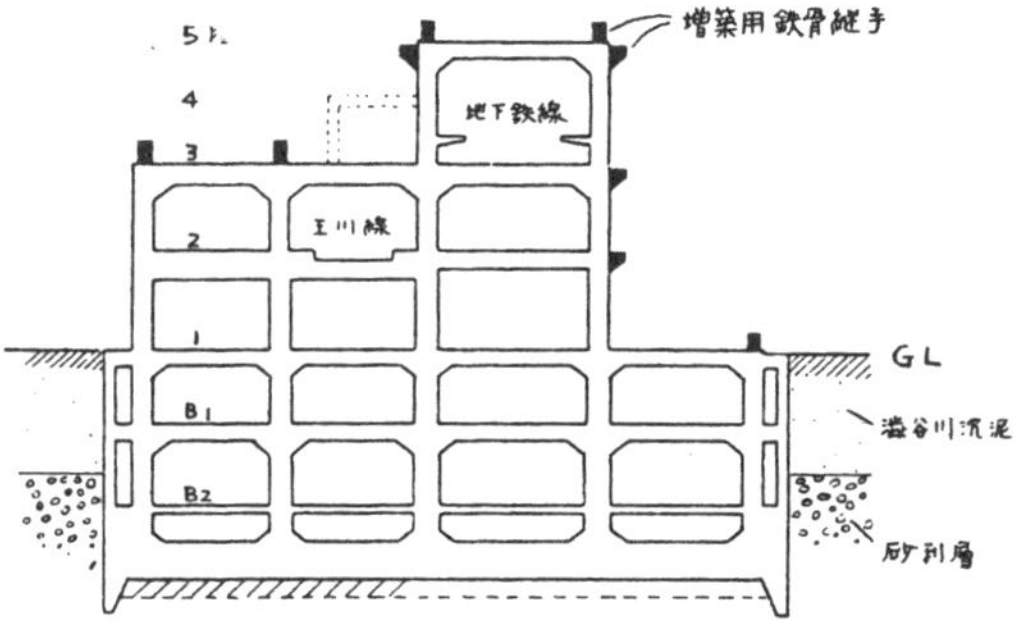

第1図 旧設断面図

東横百貨店別館(旧・玉電ビル)の断面図(『東急会館工事報告』〈東京急行電鉄株式会社〉より／提供：北村脩一／協力：東急株式会社、株式会社坂倉建築研究所) 増築工事着工前の、東横百貨店別館＝旧・玉電ビルの断面図である。玉電ビルの工事中断後の階数について、本書では「2階～4階建て」のように不可解な書き方をしてきた。その理由はこの断面図を見ればわかる。低い部分では2階建てで止まった状態だが、地下鉄銀座線の駅が入った部分のみ3階建てとなっている。しかも、その高さは2フロア分をとっていたので、予定通りに玉電ビルが完成していたら4階の高さになっていた。ゆえに「2階～4階建て」というわかりにくい表現をせざるを得なかったのである。

ばデパート屋上の一介のアトラクションに過ぎないものに、そんな記録などいちいち残されている訳もない。

ハッキリわかっているのは、「東急会館」建設の工事日程である。それによれば、一九五三（昭和二八）年一〇月二八日が地鎮祭《じちんさい》、一〇月三〇日が五メートル拡張部分シートパイル打開始……となっている。

「工事の開始というと地鎮祭の日……かな」と、北村は語る。「一般的には、我々は地鎮祭をもって工事の開始というふうに考えていますからね」

さすがに工事開始の段階では、もう「ひばり号」は存在していないはずである。しかし、工事の工程を撮影した写真を見ると、同じ一〇月に撮影された着工前の東横百貨店別館＝旧・玉電ビルにはまだ「ひばり号」のケーブルが残されている。ただし、すでに運行はストップしているようだ。

運行している「ひばり号」が撮影された写真はいつ頃まで辿《たど》れるかというと、現在見つかっているものの中では某新聞社による一九五三年三月二一日撮影の写真がもっとも最後のものである。

しかも「ひばり号」が子供向けのアトラクションであったことを考えると、夏休み期間前に運行を停止するということは考えにくいだろう。せめて八月一杯、遅ければ一〇月初旬までは運行を続けていたのではないか。それにしても、一九五一年八月に運行開始してからわずか二年間。あまりに短命である。

もし仮に旧・玉電ビルが金属統制によって工事が中断せず七階まで完成していたら、戦後の東急会館への増築という発想はなかったのではないか。だとすると、「ひばり号」は今日私たちが知るような急傾斜ではなく、ほぼ水平に移動するロープウェイとして生まれ、まだまだ延命できていたかもしれない……。ただし、すべては「仮定」の話である。仮に玉電ビルが構想通り完成していたとしても、激しく変貌を遂げる渋谷という街の「進化」が、いずれ別のかたちで「ひばり号」の息の根を止めていたと考えるのが自然かもしれない。

「ひばり号」は渋谷駅の上にはかなく咲いた、時代の「徒花《あだばな》」だったのだろうか。

新館及中新館
断　面　図

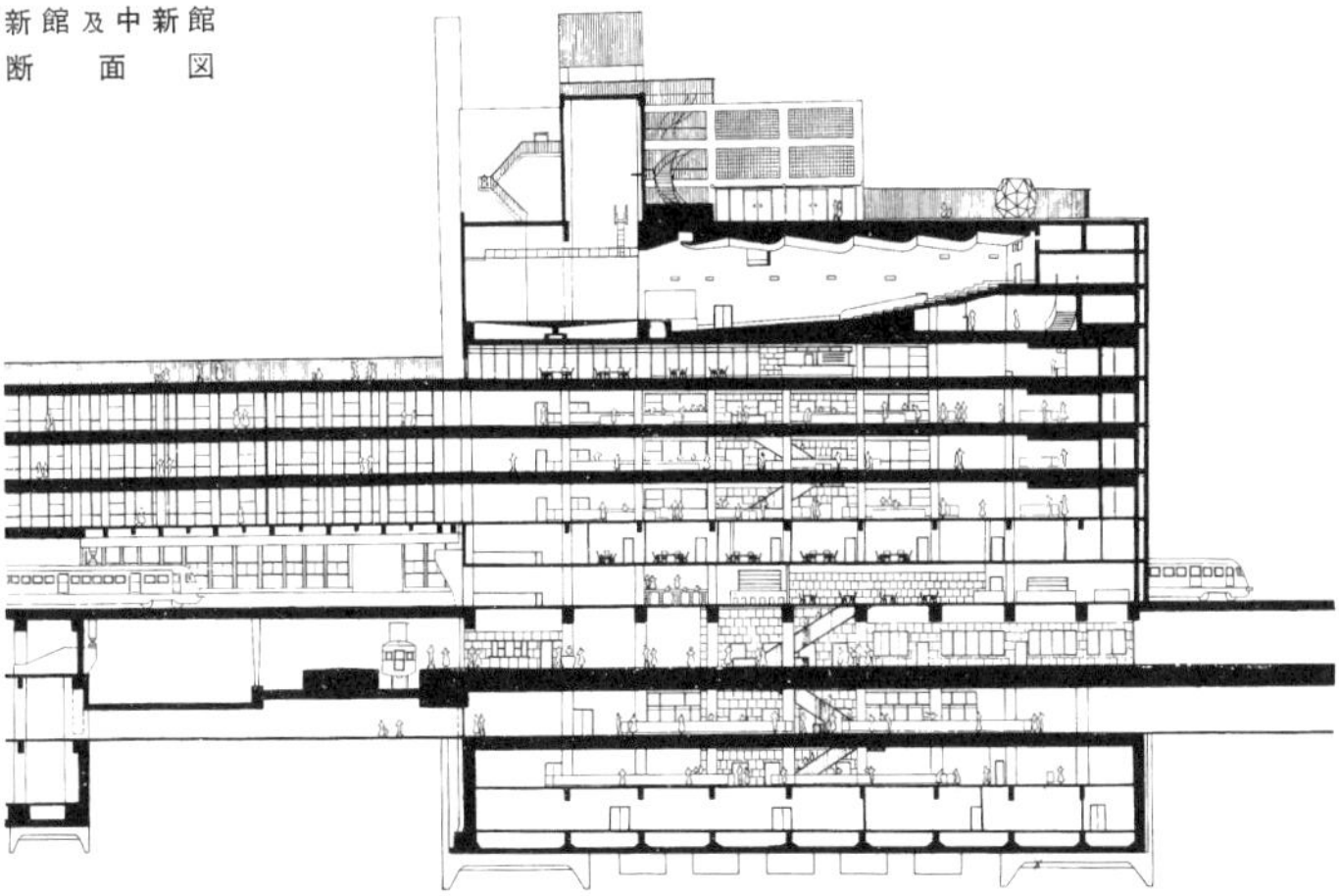

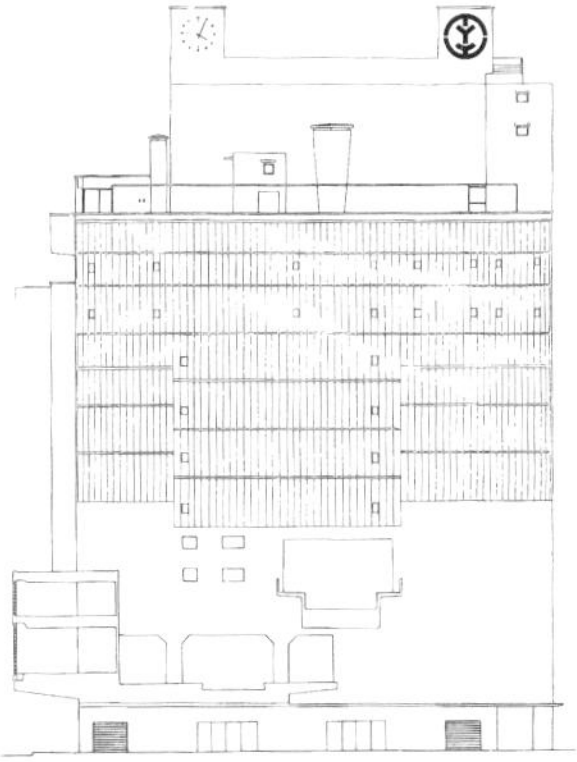

西　側　姿　図

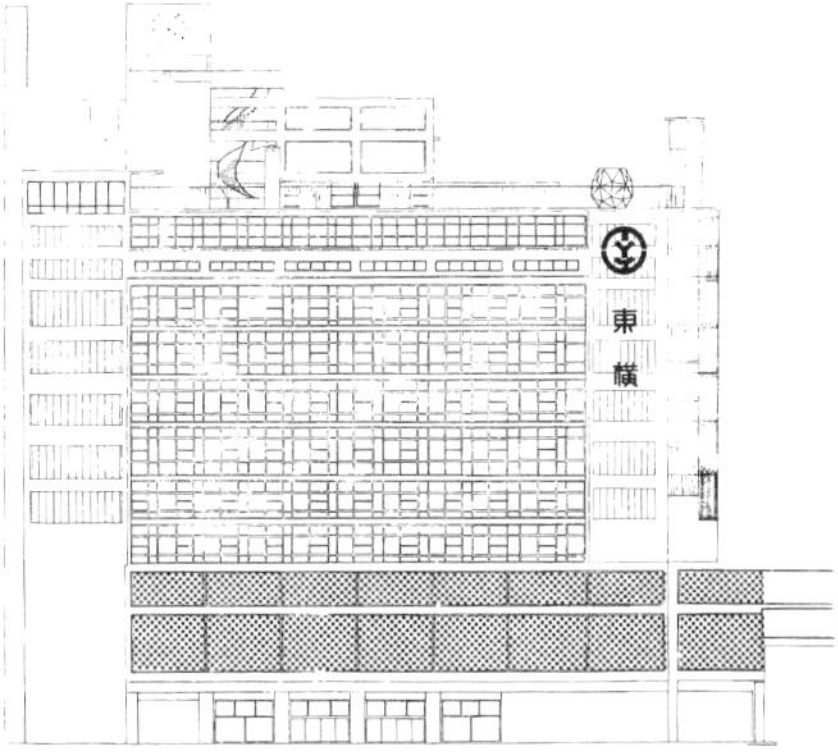

北　側　姿　図

東急会館断面図と側面図(『東横百貨店新館完成記念 伸びゆく東横』〈東横百貨店〉より／提供：清水建設株式会社／協力：東急株式会社)　上が東急会館(東横百貨店新館)および中新館(空中通路である「跨線廊」)の断面図。図の左側が「中新館」部分である。３階に左右に走るのが地下鉄銀座線、その下の２階に入っているのが山手線。新館上層階には公会堂である「東横ホール」が作られている。下の左は東急会館の西側姿図、右が北側姿図。渋谷駅前広場(ハチ公前広場)から東急会館を見た状態が、この北側姿図である。

変貌する街から消えた「ひばり号」

こうして一九五三（昭和二八）年一〇月末から、東急会館建設のための大工事は始まった。

前述の通り、本来は七階建てを予定していながら工事途中で中断。二階～四階建てという変則的なかたちで完成した玉電ビルの「増築」工事である。すでにある建物の上に新たに継ぎ足して一一階建ての巨大なビルを作ろうというのは、素人《しろうと》考えだとかなり大胆な計画のようにも思える。

「当時の一大事業でしたからね、東急さんが社運をかけているような」と語るのは、当時、坂倉準三建築研究所に所属して東急会館の設計に携わっていた北村脩一である。「構造計算を全部逆算してやりました。何しろ三階ぐらいの建物を一一階にまでするんですから」

幸いなことに、東急会館を作る「土台」となる東横百貨店別館＝旧・玉電ビルは、最初の基礎工事の段階で潜函工法（ニューマチックケーソン工法）を用いて行われていた（P94参照）。谷間である渋谷の地盤は、地下水を多く含む。それを考慮に入れて採用された工法だったのだが、結果的にガッチリと土台が組まれていたことが今回の増築にはプラスに働いた。また、地下鉄線、玉川線、京王帝都井の頭線などが乗り入れるなどの事情もあったため、きわめて慎重な設計が行われていたのも今回の増築に味方したようだ。そのおかげで、すでに建っている旧・玉電ビルにはほぼ補強を加えることなしに、新規増設を行うことが可能となった。

だが、一一階のビルに増築するにはそれだけではまだ足りない。

「この時代には初めて、PCパネルの薄いものを貼っています」と北村は語る。「東急会館の外壁は、それでできてるんですね。それと軽量コンクリートも使っています」

北村のいう「PCパネル」の「PC」とは、「プレストレスト・コンクリート（Prestressed Concrete）」のことだ。プレストレスト・コンクリートとは、簡単にいうとコンクリートの中にワイヤー状の鋼材を通したもの。それだ

建築中の東急会館（『東急會館』〈東京急行電鉄株式会社〉より／提供：北村脩一／協力：東急株式会社、株式会社坂倉建築研究所）　東急会館建築の進捗状況をとらえた写真である。上は、鉄骨が組まれている様子を渋谷駅前交差点（現・渋谷スクランブル交差点）側から見たもの。1953（昭和28）年12月18日に撮影。下は、鉄骨建方が七分通り完了した様子を西側から見たもの。1954（昭和29）年4月20日に撮影。

けならただの鉄筋コンクリートのように思われそうだが、プレストレスト・コンクリートの中を通してある鋼材は引っ張って緊張させたものである点が違う。

「中の金属を引っ張るんですが、引っ張ると強さが増す」と北村は語る。「強さが増すからパネルを薄く作っても大丈夫で、薄くできるので軽量化もできるわけです」

また、床には軽量コンクリートを使って重量を減らしたという。この軽量コンクリートにも、独自の工夫が盛り込まれているのはいうまでもない。

「コンクリートには骨材というものが入っていて、本来はこれは砂利《じゃり》なんです」と北村。「しかし、このコンクリートでは火山性の軽石を使っている。それで軽量になっているんですね」

また、窓にアルミサッシを使ったことも、当時としては新しかったようだ。東急会館はそんな当時の最新技術を駆使して作られているのである。しかも、もっと大胆なことも行っている。

「（山手線の）線路の上にブリッジをかましたからね」と北村は語る。「東急会館から『跨線廊』という建物を空中に伸ばして、線路をまたいでいるんです」

前述したように、空中通路と百貨店の売場を兼ねたような三層の「跨線廊」が、山手線をまたいで東横百貨店本館につながる。山手線の上をまたぐ……といえば「ひばり号」がまさにそれだったが、今度は大きな建物がまたぐことになった訳だ。当然のことながら、国鉄とのやりとりはさぞや大変だっただろう。

一方、北村が主に担当したのは、上層階の九階～一一階に設けられた「東横ホール」の設計だ。一〇〇〇人以上の観客席を備え、回り舞台、オーケストラボックス、移動式花道などを備えた本格的なホールである。

「下に地下鉄が通っているから、防振、防音にけっこう手間暇《てまひま》かかりました。まったく手探りで、音響のイロハから勉強しましたね。今みたいな防振、防音の技術がありませんから苦労しましたよ」と北村は語る。「おかげ

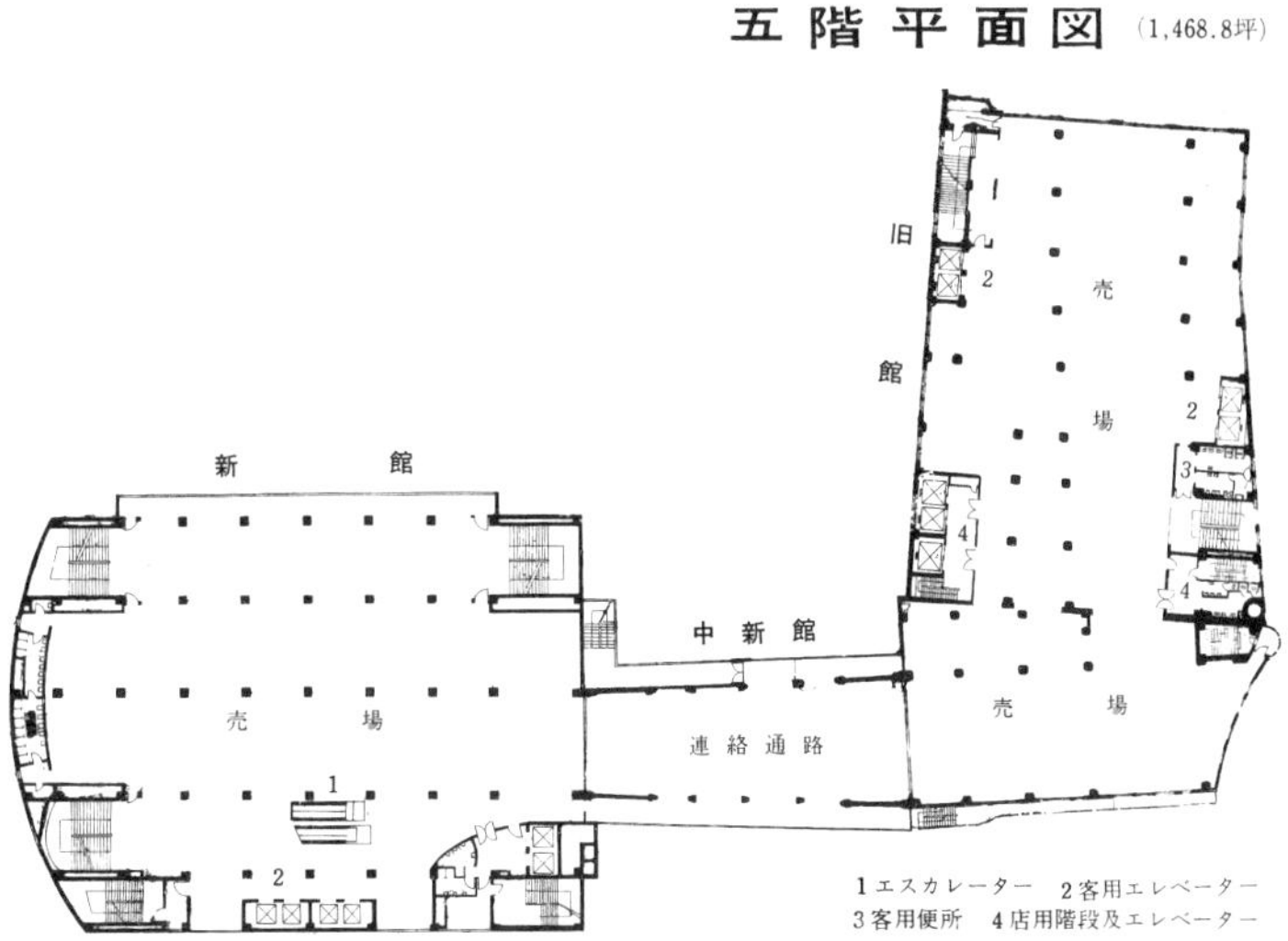

東横百貨店本館と東急会館の5階平面図(『東横百貨店新館完成記念 伸びゆく東横』〈東横百貨店〉より／提供：清水建設株式会社／協力：東急株式会社)　東横百貨店本館と東急会館の5階部分を切った断面図である。右側の「旧館」と書かれているのが東横百貨店本館、左側の「新館」と書かれているのが東急会館(旧・東横百貨店別館＝玉電ビル)である。両者は「跨線廊」と呼ばれる空中通路と百貨店の売場を兼ねた建物(ここでは「中新館」と書かれている)でつながれている。「跨線廊」の下は山手線の線路である。

完成した東急会館(東横百貨店新館)(提供：東急株式会社)1954(昭和29)年11月15日に竣工した東急会館(東横百貨店新館)の様子。完成を祝したアドバルーンが上がっているのが見える。本館と新館が「跨線廊」でつながっているのがハッキリとわかる。同年11月17日に撮影。

さまで、これを初めとしてしばらく劇場の設計をやらされました。坂倉先生は担当を決めると、どんどん次の仕事を回してくれる。東急文化会館（現・渋谷ヒカリエ）が、これの次に手がけた仕事です」

こうして東急会館は、一九五四（昭和二九）年一一月一五日に竣工《しゅんこう》する。東横百貨店新館、後の東急百貨店東横店・西館の誕生である。戦前の玉電ビルを活かしつつ当時の先進技術を駆使した異例の建物……それはきわめて「渋谷らしい」街作りだったのではないだろうか。

考えてみると、渋谷という街はずっとそうだった。本来なら地面の下にある地下鉄を、ビルの三階に作った駅まで走らせる。あるいは、ビルの下に木材の「ころ」を置き、そのままの姿で移動させてしまう。さらには、途中で工事が中断した建物の上に、新しい建物を作ってしまう……。渋谷駅周辺ではその成り立ちから、「なんでもあり」で大胆な街作りが常に行われてきた。「ひばり号」もその例外ではない。

全国各地で遊園施設を作ってきた遠藤嘉一には、本能的にわかっていたのではないだろうか。街のランドマークである渋谷駅の上空に堂々とロープウェイを浮かばせるという発想は、渋谷という「なんでもあり」な土地柄を把握した上でのものでなければ出てこない。だから、「ひばり号」は渋谷という稀有《けう》な街でなければ生まれなかったのではないか。そして、そんなダイナミックに変貌する街だからこそ、わずか二年で姿を消した……。

「特に私が育った時代は技術的にどんどん進化する時代だったので、非常に勉強できましたね」と北村は当時を振り返って語る。「良い時代だったと思いますよ。日本がどんどん良くなる時代ですからね。今ではもう、（東急会館に）関係した人間は私だけになってしまいましたが」

こうして渋谷駅の前にそびえ立った東急会館の威容……新たな時代の到来を思わせるその姿を目の当《ま》たりにした時、人々の脳裏からはいつしか「ひばり号」の記憶は消え去っていたのかもしれない。

(3)　サン写真新聞　THE SUN PICTORIAL DAILY　昭和29年11月21日　(日曜日)

電鉄線5本を呑む

ターミナル・デパート開館

新館増築披露　全店大売出し

新館増築完成を記念し全館に溢れる奉仕品の数々

●お安いネオンの一例

多彩な催物の御案内

東西大家日本画展

コーヒー紅茶大会

金と銀の化粧品大会

きものお履物特選会

ベビー服特売会

婦人服コレクション

特選食器頒布会

本日より

22日（月）は休まず営業

営業時間　10時－6時半

渋谷

東横

着工間近な東急会館を報じた記事（1954〈昭和29〉年11月21日付『サン写真新聞』より／提供：国立国会図書館）　1954年11月20日よりオープンした東横百貨店新館こと東急会館について紹介した新聞記事。上段左が新旧東横百貨店の夜景、中段・下段が館内施設の写真である。下段右は地下鉄銀座線のホーム。記事の下方は、東横百貨店の増築披露大売出しの広告である。

2. 「ひばり号」が消えた後で

「ひばり号」の敗者復活戦

こうして東急会館誕生と引き換えに、「ひばり号」は一九五三（昭和二八）年一〇月までに渋谷の東横百貨店屋上から消滅してしまった。だが、その「ひばり号」と入れ違えのようなタイミングで、ひとつのロープウェイが誕生していたことを知る人は少ない。

それは、東京・錦糸町の江東楽天地に作られたロープウェイである。

ここでは、まず江東楽天地という施設とその成り立ちを説明しなくてはなるまい。話は、戦前の昭和初期にさかのぼる。その頃、阪急東宝グループ創業者の小林一三は、当時の東京のビジネスセンターであった有楽町に娯楽街の建設を進めていた。娯楽施設は繁華街や商店街に連なる場所に作るのが常識で、今日では考えられないことだが当時の有楽町は相当に殺風景《さっぷうけい》な場所だったようである。そこに一九三四（昭和九）年、東京宝塚劇場を開場。時期的には渋谷にハチ公像が設置され、東横百貨店が開業した年のことになる（P80参照）。この東京宝塚劇場を皮切りに日比谷映画劇場、有楽座などを次々に建設。それまで関西を拠点に事業を進めてきた小林一三は、既成概念を打ち破って見事に「東京進出」を成功させた。さらに勢いに乗る小林一三は、「東京進出」第二弾としてまたしても人々の意表を突く下町に目を向けた。それが前述の江東楽天地なのだ。

当時の江東地区は、工場地帯として著《いちじる》しい発展を遂げつつあった。ここで働く人々に「清く、正しく、美しく」

江東楽天地のポスター（提供：株式会社東京楽天地）　1938（昭和13）年4月3日に開業した、江東楽天地の初期ポスターである。前年に開業した江東劇場と本所映画館、江東花月劇場などの劇場を擁し、仲見世、大食堂、遊園施設などを備えていた。江東楽天地の背後に描かれた鉄道路線は省線（現・JR総武線）。

江東楽天地入口（提供：株式会社東京楽天地）　1938（昭和13）年4月の開業当時に撮影された、江東楽天地の京葉道路側入口。ポスターにも描かれているように、施設内の仲見世に通じる入口である。「東京新名所」というフレーズに、力の入れようがうかがえる。なお、『江東楽天地二十年史』の年表には1938年4月の段階で「スポーツランド」開業と書かれているが、当時「スポーツランド」は浅草松屋に限らず遊園施設の代名詞的なネーミングとなっていたようだ。

をモットーとする娯楽を提供するため、映画館や芝居の劇場、仲見世《なかみせ》、遊園施設などを兼ね備えた総合娯楽施設を計画。場所は省線《しょうせん》（現・JR総武線）・錦糸町駅南東の広大な工場跡地である。

一九三七（昭和一二）年末には江東劇場、本所《ほんじょ》映画館が完成。さらに翌一九三八（昭和一三）年四月には江東楽天地遊園地が完成。徐々に綜合娯楽施設として完備していく。これがまたまた当たった。江東楽天地は小林一三の睨《にら》んだ通りに人気を博して、大いににぎわいを見せるようになる。

唯一の誤算があったとすれば、それが成立した時期であった。

江東楽天地の「先遣隊」的な意味合いで江東劇場、本所映画館が完成した一九三七年は、日中戦争の引き金となる盧溝橋事件が起きた年でもあった（P96参照）。それでも当初は国内への影響は少なかったものの、わが国を取り巻く環境は徐々に悪化。戦争が本格化し泥沼化していく中で、のどかに「娯楽を楽しんでいられない」空気が世の中に蔓延《まんえん》していった。

戦局の険《けわ》しさが増していった頃、東宝は丸の内の大劇場を悪名高い「風船爆弾」製造のために徴用されてしまう。そこで江東楽天地にある江東劇場を東宝が借り受け、一九四四（昭和一九）年秋頃からエノケンこと榎本健《えのもとけん》一《いち》の一座をはじめ、一流どころの劇団が相次いでここで公演を行うことになる。しかしながら、江東楽天地の無事もそう長いことではなかった。一九四五（昭和二〇）年三月一〇日の東京大空襲で、江東楽天地は本所映画館を除いて灰燼《かいじん》に帰してしまう（ただし、江東劇場は鉄筋コンクリート建築のため、外壁は保っていた）。

戦後は文字通り焼け野原となっていた江東楽天地だが、江東劇場での宝塚歌劇東京公演など徐々に復興を進めていく。さらには戦災で焼けた浅草寺《せんそうじ》の復興に絡んで浅草六区に進出することになり、一九五二（昭和二七）年には浅草宝塚劇場が開場。これは、ちょうど渋谷での「ひばり号」誕生まもない頃のことである。最終的に、浅草進出は一九五四（昭和二九）年の浅草楽天地「スポーツランド」誕生へとつながっていく……。

楽天地会館の完成（提供：株式会社東京楽天地）　1953（昭和28）年1月1日に開業した楽天地会館の様子。1階はパチンコ・デパート、2階、3階、屋上は「スポーツランド」という遊園施設となっており、大人から子供まで楽しめる施設となっていた。なお、後に1階は洋画上映館「江東文化劇場」に改装され、同年11月1日より開業する。

浅草楽天地「スポーツランド」の開業（提供：株式会社東京楽天地）　浅草六区に進出し、1954（昭和29）年4月1日には劇場横の空地に浅草楽天地「スポーツランド」を開業。ここでの「スポーツランド」の名称は戦前・戦後の江東楽天地におけるそれと同じく、遊園施設の意味合いで使われている。

江東楽天地を生んだ小林一三は、あの宝塚新温泉を作った人物でもある（P56参照）。そして、「ひばり号」の生みの親である遠藤嘉一は、宝塚新温泉への参入でアミューズメント業界に進出するきっかけを摑《つか》んだ。その関係からなのだろうか、遠藤率いる日本娯楽機は江東楽天地にも関わっていたのだ。

そして、ここでようやく本項の冒頭で語った話に戻ってくる。江東楽天地に問題のロープウェイを架設したのが、他ならぬ日本娯楽機なのである。その正式名称は「空中ケーブルカー」。

開業は一九五三（昭和二八）年八月。「ひばり号」が東急会館の建設に伴って撤収したと思われるのが一九五三年八月～一〇月前半頃と考えられるので、時期的にはほぼ前後している。それはあたかも「ひばり号」の退場とタイミングを合わせて、新たに江東楽天地に「転生」したかのような開業であった。

ただし、その形状や仕様は大きく異なる。区間の長さはわずか四八メートル。同じ年の一月に新設された三階建ての楽天地会館屋上「スポーツランド（！）」から下の遊園施設まで降りてくるだけの、ごくごく小規模なものだ。渋谷駅上空で山手線の頭上を越えて移動する、「ひばり号」のダイナミックさには遠く及ばない。一台の搬器で往復する「ひばり号」に対して、江東楽天地のロープウェイは二台で行き来するという点も大きな違いだ。共通するのは、遠藤嘉一が手がけたロープウェイであるという一点のみ。

しかし、そこがこのロープウェイの最も興味深い点でもある。遠藤が手塩にかけて渋谷に作り上げた「ひばり号」は、浅草松屋の「航空艇」以来の悲願である「自力で架設したロープウェイ」でもあった。案の定「ひばり号」は子供たちの人気を独占したが、なんたる不運かボタンのかけ違いか、わずか二年で姿を消す羽目になってしまう。それは遠藤にとって、どうにも不本意な成り行きではなかったか。

ならば与えられた機会の中で、ささやかではあるが自分なりに「ひばり号」の敗者復活戦を果たしたい。遠藤は心の中で、密かに「ひばり号」の復活を期していたのではないだろうか。

江東楽天地の「空中ケーブルカー」(提供：株式会社東京楽天地)　1953(昭和28)年8月に開業した、ロープウェイの様子をとらえた写真である(『江東楽天地二十年史』によれば8月10日、『日本近代の架空索道』によれば8月15日開業となっている)。上の写真を見れば、楽天地会館屋上「スポーツランド」より下の子供遊戯場とを結んで運行していたことがわかる。撮影は1953年5月とのことだが、ロープウェイ架設の許可申請書を陸運局に提出したのが5月17日なので、その時点での撮影だったのかもしれない。下の写真は別アングルで撮影したもの。こちらの写真の撮影時期も1953年と思われるが、詳しくは不明。なお、現在は江東楽天地遊園地は存在せず、跡地には1983(昭和58)年11月竣工の楽天地ビルが建っている。

遠藤嘉一と渋谷……それぞれのその後

終戦直後から精力的に動き始めていた遠藤嘉一は、「ひばり号」架設の前後からその活動をさらに活発化させていった。遠藤は戦前の木製ウォーターシュート（P102参照）あたりから大型娯楽機械も手がけるようになったが、戦後はその傾向をさらに推し進めるようになってきたのである。

もちろん「ひばり号」も「大型化」の一環として考えられるが、ちょうど戦後の浅草松屋の復興に勢いを得るかのように、遠藤は大型娯楽機械を次々と手がけていく。「ひばり号」誕生とほぼ前後して複式飛行塔（正確な時期は不詳）、一九五二（昭和二七）年にはスカイクルーザー……と浅草松屋を舞台に大規模なアミューズメント設備を設置。さらに一九五八（昭和三三）年には、札幌市で開催された北海道大博覧会で第二会場となった中島公園にウォーターシュートを建設する。今度は木製ではなく本格的なウォーターシュートで、博覧会後も撤去されずに市民を楽しませ続けた。こうして遠藤嘉一は日本の高度経済成長と歩調を合わせるかのように、昭和三〇年代から右肩上がりの絶頂期を迎えていくのである。

その一方で、遠藤は一九五八年にひっそりと大宮八幡園の株を手放している。戦後まもなくの混乱期に、ほぼ全財産をはたいてまで手に入れた株である（P110参照）。当初は、そこに遠藤が思うがままの遊園施設を建設する夢を抱いていたはずだ。だが、その夢は結局実らなかった。

残念なことに、大宮八幡園は復興から取り残されたままだった。一九五一年六月にモーターボート競走法が制定公布された頃には、この場所を利用してモーターボート競走場を建設する話が持ち上がる始末。そんな話が出てくること自体、当時の大宮八幡園がいかにパッとしなかったかがうかがえる。

競艇場建設計画自体は、隣接地が学校であったことなど諸般の事情で地元住人の反対に遭ったため、一九五二年六月に頓挫《とんざ》。その候補地を新たに大田区に求めることになった結果、平和《へいわ》島《じま》競艇場が誕生することになる。こ

浅草松屋のスカイクルーザー（提供：株式会社松屋）　遠藤嘉一が戦後続々と手がけた大型アミューズメント設備のひとつで、遠藤ゆかりの浅草松屋の屋上「スポーツランド」に1952（昭和27）年に設置。その乗り場は「航空艇」の乗降場跡を活用したものである。サミュエル・フラー監督のアメリカ映画『東京暗黒街／竹の家』（1955）では、クライマックスである銃撃戦の舞台として堂々登場する。なお、「スポーツランド」は戦後は1階から復活。徐々に階を上げていき、1951（昭和26）年には屋内部分を残しつつ屋上に復活した。

札幌・中島公園のウォーターシュート（提供：札幌市公文書館）　戦後、精力的に活動を再開した遠藤嘉一は、全国各地にアミューズメント設備を設置した。このウォーターシュートは1958（昭和33）年に札幌で開催された北海道大博覧会の際に、第2会場だった中島公園「子供の国」に設置されたもの。

うして大宮八幡園は競艇場になってしまうことからは免《まぬが》れたものの、その前から遠藤は遊園施設としての復活は無理だと判断していたのだろう。自らが絶頂期に向かおうというこのタイミングで、遠藤は大宮八幡園の株を手放しているのである。もし遠藤が自分の遊園施設を作る夢をあきらめなかったら果たしてどうなっていたか、それは今日となってはなんとも判断し難いところだ。

その頃、渋谷駅もまた新たな動きを見せていた。一九五六（昭和三一）年一〇月から、渋谷駅前西口の地下に地下商店街を作る工事が行われていたのだ。ビルの階層が空高く伸びたかと思えば、今度は地下である。一九五七（昭和三二）年一二月一日には、この地下商店街がオープン。これに伴ってハチ公像はまたまた移動し、駅前広場（ハチ公前広場）の中心、地下商店街入口の西側に設置された。だが、これもハチ公にとっては長居する場所ではなかったようである。また、一九五六年一二月には、駅東口に東急文化会館（現・渋谷ヒカリエ）もオープンしている。

一九五九（昭和三四）年五月二六日には、ミュンヘンで行われたＩＯＣ総会において一九六四（昭和三九）年の東京オリンピック開催が決定。東京中がたちまち慌《あわ》ただしくなった。オリンピックで使われる各種競技場の他、東京都内をはじめとする各地でさまざまな工事が開始された。首都高速道路の建設が始まり、一九六三（昭和三八）年には首都高の高架が日本橋の上を塞《ふさ》いでしまう。東京はまたまた大きく変わろうとしていた。

むろん、渋谷もその例外ではない。渋谷川が塞がれたり、宮下公園が整備されて下が駐車場・上が公園という形になるのもこの前後の時代である。渋谷駅周辺で最も大きい変化は、駅前広場（ハチ公前広場）に噴水ができたことだろうか。これは東京五輪を記念した噴水で、一九六四年一〇月一〇日の開会式直前に完成したようだ。この噴水ができることによって、ハチ公像はまたしてもやや南に移動する羽目になったのである。

渋谷駅前地下街の建設風景（提供：白根記念渋谷区郷土博物館・文学館）　1956（昭和31）年10月より開始された、渋谷駅前西口の地下街建設の様子である。ハチ公広場から駅前交差点を北西に向かって見た写真。1957（昭和32）年頃の撮影。地下街のオープンは1957年12月1日。駅前の露天商約100軒を収容するという触れ込みだったが、当初は東横百貨店の子会社である東光ストアが開店しただけだったようだ。

昭和30年代の渋谷駅周辺（提供：東急株式会社）東横百貨店新館（東急会館。後の東急百貨店東横店・西館）や渋谷駅南口バスターミナルの他、ハチ公前広場の中心に地下街入口が見える。1959（昭和34）年1月23日撮影。この後、1964（昭和39）年の東京五輪直前に、地下街入口の西隣に噴水が作られる。

東京の象徴、渋谷スクランブル交差点

富士の樹海で自殺をしようと、飛行機に乗って日本にやってきたアメリカ人。次の瞬間、彼が歩いているのはなぜか渋谷スクランブル交差点の雑踏の中……。ガス・ヴァン・サント監督、マシュー・マコノヒー主演のアメリカ映画『追憶の森』（2015）の冒頭では、日本のアイコンとして強引に主人公を渋谷スクランブル交差点に登場させている。

「渋谷駅前交差点」が正式な名称であるこの交差点は、かつては別に特徴もない場所だった。それが現在のかたちになる第一歩は、1973（昭和48）年にスクランブル化された時だろうか。だが、これは日本初ではない。日本初は、どうやら1969（昭和44）年の熊本県熊本市・子飼交差点のようである。また、東京初という訳でもない。

複数の大型屋外ビジョンの存在がスクランブル交差点を有名にしたが、これも日本初ではない。最初の大型屋外ビジョンは1980（昭和55）年の新宿アルタに設置された「アルタビジョン」。渋谷スクランブル交差点初の屋外ビジョンは、1987（昭和62）年に「109-2（現・109MENS）」の壁面に設置された「109フォーラムビジョン」だ。だから、実際には特に革新的でもユニークでもない。

それでもこの交差点は、なぜか人々を惹き付ける場所なのである。

昭和30年代の渋谷駅前交差点（提供：白根記念渋谷区郷土博物館・文学館）　この時にはなんの変哲もない交差点である。背を向けたハチ公像が見える。

東日本大震災直後の渋谷スクランブル交差点（提供：朝日新聞社）　大震災直後の節電で、大型ビジョンが消されている。2011（平成23）年3月27日に撮影。

第6章

屋上遊園地の興亡

新宿に建設中の京王百貨店（提供：朝日新聞社）　東京・新宿駅西口のバスターミナル南側に建設中の京王百貨店（現・京王百貨店新宿店）の様子。同店舗は、京王帝都電鉄（現・京王電鉄）の新宿駅と直結したターミナルデパートでもある。右端の安田生命ビルの壁面には巨大な東京五輪エンブレムが掲げられている。ただし、京王百貨店が開店したのは東京五輪直後の1964（昭和39）年11月1日であった。同年5月16日に撮影。

1. 屋上遊園地黄金時代

記憶だけで記録がない存在

「ひばり号」が生まれた背景について、本書ではさまざまな要素を紹介してきた。しかし、実はたったひとつだけ、まだ語られていない要素がある。それは、日本における「屋上遊園地」の歴史だ。

戦後まもなくの約二年間、「ひばり号」が架かっていたのは東横百貨店本館（後の東急百貨店東横店・東館。現・渋谷スクランブルスクエア東棟の一部）と東横百貨店別館（同・西館。二〇二〇年三月に営業終了）の間。それは交通インフラではなく、「屋上遊園地」のアトラクションだったのである。

屋上遊園地のことは、昭和の時代に生まれていた人ならまず確実に覚えているのではないか。デパートの屋上に作られた遊園地。東京だけでなく、日本全国の百貨店の屋上にはほぼもれなく存在していたはずだ。そこで遊んだ記憶をお持ちの方も、多数いらっしゃるはずである。しかし今日、それらの姿はいつの間にかほとんど見かけなくなっている。それがいつ頃姿を消したのかも定かではない。

なんらかの資料や記録が残されているのではないかと日本百貨店協会に問い合わせてみたが、屋上遊園地についての記録は一切ない。国土交通省や総務省に問い合わせても、どこにも何の記録もなかった。あれほど人々の記憶に残っているものなのに、最初からまったくなかったかのように記録がないのだ。

したがって、本書では屋上遊園地の歴史と実態について、すべてを一から調べなければならなかった。本書に

現在の伊勢丹新宿店屋上　芝生やイベントスペース、庭園などがあり、わずかに幼児用の遊具（簡易で小型の滑り台など）が置かれているものの、いわゆる「屋上遊園地」はもはや存在しない。2019（令和元）年5月19日に撮影。屋上遊園地の消滅時期は不明だが、2006（平成18）年には屋上に庭園施設「アイ・ガーデン」がすでにオープンしていた。

往年の伊勢丹新宿店屋上遊園地（提供：新宿区立新宿歴史博物館）　新宿店屋上に「キンダーランド」が開設されたのは、1963（昭和38）年9月17日のことだ。この写真も1963年頃の撮影である。向かいに建っているのは三越新宿店（現・ビックロ）である。他に新宿中村屋の建物、さらに彼方には富士重工業（現・株式会社SUBARU）が本社を置いていた東富士ビル（後の新宿スバルビルで現在は解体済み）が小さく見える。

おける「屋上遊園地」の記録は、各百貨店の広報担当、社史担当の方々のご協力に加え、残された年史や郷土資料などから記録を辿《たど》っていったものである。当然、欠落や間違いは多々あるとは思うが、まずは調査の第一歩とお考えいただきたい。また、本書の性格上、首都圏の百貨店の調査にとどまってしまったこともお詫《わ》びしなくてはならない。本来ならば、大阪、名古屋などの百貨店のほうが首都圏よりも発達していた点が少なくなかったはずだ。しかしながら、さすがに全国各地となると荷が重かった。これは、今後の調査に期待するところである。

さらに、本書でいう「屋上遊園地」については、観覧車や豆電車などの大型遊戯機械を備えた「遊園地」レベルのものから、ジャングルジムやブランコなどの遊具を備えた公園レベルもの、さらにはゲームマシンなどを置いたゲームセンター・レベルのもの……に至る非常に広義なものを指しているとお考えいただきたい。屋上遊園地は時代やその店舗によってさまざまに変化しており、それを狭い定義に収めるのはきわめて困難である。まずは、それを念頭に置いた上でここからのページをお読みいただければ幸いである。

さて、いわゆる屋上遊園地の起源については、明治時代あたりからすでにあったとのこと。だが、一般的になったのはやはり昭和初期のようだ。たとえば、一九三二（昭和七）年刊の『大三越歴史寫真帖』には、一九二七（昭和二）年店舗風景として屋上に子供用の遊具が置いてある写真が存在している。三越の日本橋本店には屋上遊園地がなかったことになっているが、これは常設の本格的な屋上遊園地が存在していなかったということなのだろう。三越日本橋本店の屋上は、さまざまなイベント・スペースの意味合いが大きかったようなのである。戦後も子供向けのアトラクションは数多く設置されたが、それらはいずれも短期間の暫定《ざんてい》的なものであった。

本書でも取り上げた一九三一（昭和六）年オープンの浅草松屋「スポーツランド」は、「最初」の本格的な常設「屋上遊園地」として紹介されることが多い。しかし、実際には「最初」という表現は正確ではない。たとえば松坂屋上野店の屋上には、一九二九（昭和四）年の新本館開店時から屋上遊園地があった。さらに付け加えると新本

戦前の三越日本橋本店屋上（『大三越歴史寫真帖』〈大三越歴史寫真帖刊行会〉より／提供：中央区立京橋図書館）　1927（昭和2）年の店舗風景とされている三越日本橋本店屋上の写真。滑り台などの子供の遊び場が設けられている。1932（昭和7）年に発行された書籍に掲載されたものである。

戦前における松坂屋上野店屋上の様子（提供：一般財団法人　J.フロント リテイリング史料館）　同店最初の屋上遊園地が作られた仮店舗（別館）ではなく、1929（昭和4）年3月に全館完成した新本館屋上の様子である。同年4月1日に開店した時から、新本館屋上には遊園施設が存在した。同年頃の『上野松坂屋店御案内』によれば屋上は「松坂遊園」と呼ばれ、「園芸用品、盆景、金魚、鶴護稲荷社、屋上食堂、児童運動場、婦人御手洗所、殿方御手洗所、動物園、花壇、サンルーム（温室）」などの要素が記載されている。1929年の撮影。

館開店は関東大震災による被災のための再建で、それ以前の一九二七（昭和二）年の仮営業所が開店した段階ですでに屋上遊園地はあったという。また、全国に目を向けると、松坂屋名古屋店にも一九二五（大正一四）年から屋上に「こども遊園」があったということである。

つまり「スポーツランド」は「常設」の屋上遊園地として「最初」ではないのだ。おそらく「スポーツランド」についていわれている「最初」とは、子供向け遊園施設のネーミングに「～ランド」とつけた「最初」である……という意味合いなのではないだろうか。ただし、「最初」に大評判をとった屋上遊園地である……という点は間違いないかもしれない。

そんなわが国の屋上遊園地には、不幸な「分断」の時期がある。第二次大戦末期の混乱と戦災、さらに敗戦のゴタゴタである。物資が滞《とどこお》る戦争末期は、百貨店本体も従来通りの営業はできなかった。まして屋上遊園地などやっている状況ではなかったはずだ。遊園設備などは金属供出で消失。そこに、都市部を焼き尽くした本土空襲である。日本中の百貨店と屋上遊園地が、終戦時にはほぼすべて息の根を止められていた。

その「復活」の時期については、一九四九（昭和二四）年四月二日付朝日新聞がひとつの証拠になるかもしれない。四月一日より三越新宿支店に屋上遊園地が復活した……という記事とともに、「新設　屋上遊園」との文言が書かれた渋谷・東横百貨店の広告も掲載されている（P117参照）。このあたりが、東京都内での屋上遊園地の「復活」時期なのだろう。ただし、大阪や名古屋はもっと復活が早かった可能性がある。たとえば松坂屋名古屋店では、一九四八（昭和二三）年に屋上で子供用電気バスが運行されていたようである。

戦後はいわゆる高度経済成長に呼応するかのように、屋上遊園地の全盛期を迎える。だが、一時期確実に絶頂をきわめたはずの屋上遊園地は、今日ではほとんど見ることができない。どうやら西暦二〇〇〇年代に入って、急速に消滅していったようである。そこには、いかなる理由があったのだろうか。

陽春四月は子供から
新宿に屋上遊園

戦後の屋上遊園地復活を報じた記事（1949〈昭和24〉年4月2日付『朝日新聞』より／提供：国立国会図書館）　戦後、東京都内で百貨店の屋上遊園地が復活したことを報じた新聞記事。ここで取り上げられているのは三越新宿店で、記事の写真にはブランコが写っている。なお、この記事が掲載された同じ6面には、「新設　屋上遊園」とうたわれた渋谷・東横百貨店の広告も掲載されている（P117参照）。

松坂屋名古屋店屋上での子供電気バス（提供：一般財団法人 Ｊ．フロントリテイリング史料館）　東京都内での屋上遊園地復活を報じた新聞記事から見ると、どうやら戦後の屋上遊園地復活は名古屋のほうが早かったようである。この写真は松坂屋名古屋店における子供電気バス運行の様子で、すでに「子供遊園場」が存在していた。撮影は1948（昭和23）年12月で、終戦からわずか3年での復活である。バスは4回巡り、料金は20円だったという。

大丸東京店屋上の様子　屋上遊園地を常設していなかった百貨店でも、暫定的なものや簡易的な遊具を置いていた店舗は少なくなかった。これは大丸東京店屋上の様子で、1962(昭和37)年3月4日の撮影である。後方に東京駅の駅舎も見える。同日の写真では馬やキリンの乗り物、滑り台やジャングルジムも見えるが、期間限定で可動式遊具を設置したに過ぎなかったようだ。

三越日本橋本店の大東京空中ロープウェイ(提供：株式会社三越伊勢丹)　1967(昭和42)年5月2日より開催の子供向け催事「大東京空中ロープウェイ」の様子である。日本橋本店屋上東館展望台から西館金字塔間距離200メートルに地上60メートルの高さで架設されたもので、運行時間は6分間。「宇宙船(ゴンドラ)」は子供8人乗りで、船内のテレビ電話とはトランシーバーにより地上と通話が可能だった。このロープウェイの終了日は不明。架設した業者についても不明である。日本橋本店屋上では他にも、1955(昭和30)年にお猿の電車「ニコニコ号」が約1か月間運行されていたり、1957(昭和32)年4月30日から6月2日まで「こどもの夢の国　楽しいディズニーランド」という催事が開催されたりしている。

東武百貨店池袋店屋上の「ジャングルの木」（提供：東武百貨店）　同店は1962（昭和37）年5月29日開店だが、屋上遊園地はそれからわずかに遅れて同年7月1日にオープンしている。だが、その終焉がいつかはわからない。1969（昭和44）年に「ジャングルの木」という巨大な木のかたちをしたジャングルジム遊具が設置されたが、いつまで存続したか不明。これが屋上遊園地の一環として設置されたかどうかも不明である。

小田急百貨店新宿店の屋上（提供：小田急百貨店）　小田急百貨店新宿店は1962（昭和37）年に開店したが、屋上遊園地は設置しなかった。2002（平成14）年のリニューアル時に緑化し、カフェを展開する等の整備を実施。2003（平成15）年に遊具を設置した。これは、その現在の様子である。

◉この他、百貨店ではないが、東急プラザ蒲田には「屋上かまたえん」が現存している。

店舗名	開店年	屋上遊園地開業年	屋上遊園地終業年
京王百貨店 新宿店	1964(昭和 39)年	1965(昭和 40)年	2014(平成 26)年
京王百貨店 聖蹟桜ヶ丘店	1969(昭和 44)年	遊園地なし。	
松坂屋上野店	1768(明和 5)年 上野松坂屋という店舗は宝永年間(1704 ～ 10)に創業。これをいとう呉服店(松坂屋の前身)の 11 代当主伊藤祐恵が買収し、「いとう松坂屋」としたのが 1768(明和 5)年。上野店含めて株式会社「いとう呉服店」として百貨店となったのが、1910(明治 43)年である。	1929(昭和 4)年 現在の上野松坂屋の建物完成時より存在。なお、関東大震災で類焼した本館再建中、仮店舗として 1927(昭和 2)年に建設した別館にも屋上遊園があった。	2014(平成 26)年 最終的には 1957(昭和 32)年にできた南館だけに存在していたが、上野フロンティアタワー建設のための南館取り壊しに伴い閉園。
松坂屋銀座店※	1924(大正 13)年	1930(昭和 5)年 1925(大正 14)年に「屋上動物園」ができて、後に遊園施設等となった(＊8)。	2013(平成 25)年 銀座店閉店時まで存在。
大丸東京店	1954(昭和 29)年	遊園地なし。 ただし、期間限定で可動式遊具を設置していた時期あり。	
西武池袋本店	1940(昭和 15)年	1959(昭和 34)年 ヘリポート「西武スカイ・ステーション」の横に、遊園地「子供の国」が設営された(メリーゴーランドやパンダの乗り物など)。	現存せず。 2003(平成 15)～ 04(平成 16)年頃に消滅？ 2015(平成 27)年にフードコートや休憩所などが集まる、「食と緑の空中庭園」としてリニューアル。
西武渋谷店	1968(昭和 43)年	1968(昭和 43)年 開店時に、B 館の屋上に「おとぎの国」がオープン(回転木馬、シンデレラ馬車など)。	現存せず。 1982(昭和 57)年までは存在を確認、消滅時期は不明。
東武百貨店 池袋店	1962(昭和 37)年	1962(昭和 37)年	現存せず。 消滅時期は不明。 1969(昭和 44)年に「ジャングルの木」という遊具が設置されたが、いつまで存続したか不明。
渋谷ヒカリエ ShinQs(シンクス)	2012(平成 24)年	遊園地なし。	
グランデュオ立川	1999(平成 11)年	遊園地なし。	
グランデュオ蒲田	2008(平成 20)年	遊園地なし。	
さいか屋 町田店 (現・町田ジョルナ)	1967(昭和 42)年	不明 存在していたことは確認済み。	現存せず。 消滅時期は不明。

百貨店協会・会員店舗リストをもとにして作成したため、厳密には百貨店と言い難いものも含まれる。その後の調査によって、現存しないものを含めて数店舗を追加。基本的には以下の百貨店各社からの回答からデータを作成したが、部分的に＊1～8の資料からの情報も追加している。

作成協力：株式会社三越伊勢丹ホールディングス、株式会社東急百貨店、株式会社松屋、株式会社髙島屋／髙島屋史料館、株式会社大丸松坂屋百貨店、一般財団法人 J．フロント リテイリング史料館、松坂屋上野店、株式会社そごう・西武、エイチ・ツー・オー リテイリング株式会社、株式会社阪急阪神百貨店、株式会社小田急百貨店、株式会社京王百貨店、株式会社東武百貨店、町田ジョルナ、株式会社東急百貨店／ ShinQs（シンクス）、ジェイアール東日本商業開発株式会社

＊1 『大三越歴史寫真帖』昭和 7 年刊(大三越歴史寫真帖刊行会)より
＊2 『昭和ノスタルジック百貨店』オフィス三銃士(ミリオン出版株式会社)より
＊3 朝日新聞 1949 年 4 月 2 日付朝刊より
＊4 『伊勢丹百年史』に掲載の『新宿店開店時のフロア構成』図の屋上部分に「お子様遊技場」の記載あり。
＊5 1935(昭和 10)年頃の『日本娯楽商報』(日本娯楽機製作所発行)に「納入先」として記載あり。
＊6 国土交通省 都市局 公園緑地・景観課「企業のみどりの保全・創出に関する取組み」より
＊7 『髙苑』194 号・1982 年 3 月(株式会社髙島屋)より
＊8 『銀営販売時報／開店 10 周年記念号』昭和 8 年 12 月 1 日(松坂屋銀座店)より

東京都内のおもな百貨店と屋上遊園地 ※は閉店済みの店舗

店舗名	開店年	屋上遊園地開業年	屋上遊園地終業年
三越 日本橋本店	1673(延宝元)年 呉服店「越後屋」の開業年。1908(明治 41)年に本店仮営業所(木造・洋館)が、1914(大正 3)年には本店新館(鉄筋造・洋館)が開業。	遊園地なし。 ただし、1927(昭和 2)年店舗風景として屋上遊戯施設の写真が存在しており(＊1)、1955(昭和 30)年には猿の電車「ニコニコ号」が屋上で約 1 か月間運行されていた(＊2)こと、1967(昭和 42)年に大東京空中ロープウェイが一時的に設置されていたことなどから、暫定的に遊園施設があった可能性あり。	
三越 銀座店	1930(昭和 5)年	同社記録に遊園地に関する記載なし。	
三越 新宿店※	1929(昭和 4)年 新宿分店を支店に昇格。ただし、1930(昭和 5)年に移転。	同社記録に遊園地に関する記載なし。 ただし、戦後は間違いなく存在しており、1949(昭和 24)年 4 月 1 日より同店舗に屋上遊園地が「復活」……という新聞記事(＊3)があることから、戦前も存在していた可能性がある。新宿店自体は 2005(平成 17)年に「新宿三越アルコット店」としてリニューアル、2012(平成 24)年に閉店したが、屋上遊園地がどの時点で消滅したかは不明。	
伊勢丹 新宿本店	1933(昭和 8)年 創業は 1886(明治 19)年、神田旅籠町。	1933(昭和 8)年 (＊4)(＊5)	現存せず。 2006(平成 18)年より庭園施設「アイ・ガーデン」がオープン(＊6)。
伊勢丹 立川店	1947(昭和 22)年	同社記録に遊園地に関する記載なし。	
伊勢丹 府中店※	1996(平成 8)年	同社記録に遊園地に関する記載なし。	
東急百貨店 渋谷・本店	1967(昭和 42)年	遊園地なし。	
東急百貨店 渋谷駅・東横店	1934(昭和 9)年	1949(昭和 24)年 (＊3)	2013(平成 25)年
東急百貨店 二子玉川東急 フードショー	2011(平成 23)年 二子玉川ライズ・ショッピングセンター内に開店したもので、百貨店協会のリストに入っているが百貨店ではない。	遊園地なし。	
東急百貨店 吉祥寺店	1974(昭和 49)年	1974(昭和 49)年	2019(令和元)年
髙島屋 日本橋店	1933(昭和 8)年	1933(昭和 8)年	現存せず。 1973(昭和 48)年春までは「プレイランド」が存在(＊7)？　2000 年代初めぐらいまでは、乗り物など子供向けの要素が存在したらしい。2005(平成 17)年には、ドッグパーク(犬を遊ばせる場所)がオープン。
髙島屋 新宿店	1996(平成 8)年	遊園地なし。	
髙島屋 玉川店	1969(昭和 44)年	1977(昭和 52)年？	現存せず。 1989(平成元)年までは存在を確認、消滅時期は不明。
髙島屋 立川店	1970(昭和 45)年	1970(昭和 45)年	1995(平成 7)年？ 新店への移転までは存在？
阪急百貨店 東京大井店 (現・阪急百貨店 大井食品館)	1953(昭和 28)年	同社によれば、屋上遊園地なし。実際には「トイランド」が存在していたようだが、開店時には存在せず。開業は昭和 30 年代？	2008(平成 20)年？
数寄屋橋阪急※	1956(昭和 31)年	遊園地なし。	
阪急イングス (現・阪急百貨店 イングス館)	1982(昭和 57)年	遊園地なし。	
有楽町阪急 (現・阪急メンズ トーキョー)	1984(昭和 59)年	遊園地なし。	
松屋 銀座本店	1925(大正 14)年	1953(昭和 28)年に屋上遊園地が存在したとの説もあるが、常設か暫定的なものか不明。1964(昭和 39)年には存在していたことが確認されている。	2002(平成 14)年
松屋 浅草支店	1931(昭和 6)年	1931(昭和 6)年	2010(平成 22)年
小田急百貨店 新宿店	1962(昭和 37)年	2003(平成 15)年 (ジャングルジム、滑り台等の遊具のみ)	現存。
小田急百貨店 町田店	1976(昭和 51)年	遊園地なし。	

観覧車に動物園……屋上の楽園

憩《いこ》いの場として、子供のお楽しみの場として、戦前から戦後にかけて発展を遂げていった屋上遊園地。では、屋上遊園地を含めた百貨店の屋上スペースは、一体どのように活用されてきたのか。ここではその具体的な進化と変遷を、いくつかの店舗を例にとって見ていこう。

まず、髙島屋日本橋店。一九三三（昭和八）年に開店した同店の屋上について髙島屋史料館に問い合わせたところ、戦前に始まる詳細な沿革を教えていただいた。

同店はこの一九三三年の開店時に、すでに屋上には花壇や庭園と並んで「遊戯場」が存在していたようである。したがって、同店の「屋上遊園地」の発祥はここであると考えてよさそうである。

戦争中はさまざまな規制の中で営業を続行していたが、一九四五（昭和二〇）年三月一〇日の東京大空襲で被災。この際に屋上施設も失われてしまったと考えられる。

次に屋上に関して特筆すべきことがあったのは、一九五〇（昭和二五）年のこと。屋上に「象のいる屋上庭園」がオープンしている。まだ「屋上遊園地」的なものは生まれていないが、まず子供向けアトラクションとして「象」が屋上に持ち込まれたのだ。

新館の増築が完成した一九五二（昭和二七）年には屋上の要素として同じ「象のいる屋上庭園」が記録されているが、新々館の増築が完成した一九五四（昭和二九）年には屋上は「庭園」のみ記載されていた。これは、同年五月にゾウが屋上から降ろされ、上野動物園に移転したからである。

その後、一九五五（昭和三〇）年には屋上に「プレイランド」ができる。戦後の「屋上遊園地」復活はここからと考えるべきだろう。一九六三（昭和三八）年には東館第一期増築完成、一九七二（昭和四七）年には新館が完成して本館も新装オープンしており、この時の屋上の要素としては「屋上庭園・プレイランド・ペット・駐車場」

開店当時の髙島屋日本橋店（提供：髙島屋史料館）　戦前の1933（昭和8）年、開店当時における髙島屋日本橋店（東京店）の空撮である。すでに屋上には花壇や庭園と並んで「遊戯場」が存在していたようだが、この写真で確認できるような規模のものではなかったらしい。

戦後・新々館完成時の髙島屋日本橋店（提供：髙島屋史料館）　1954（昭和29）年、新々館完成時の髙島屋日本橋店（東京店）の空撮である。屋上には観覧車等の遊戯施設がひしめいており、屋上遊園地がかなりの盛況であったことがうかがえる。

が記録に残されている。だが、全館新装オープンした一九七七（昭和五二）年になると、屋上の要素は「屋上庭園・園芸用品・ペット・駐車場」しか記録に残されていない。「プレイランド」はどこで消えたのか。

同社の社内報『高苑』一九四号・一九八二年三月号には『日本橋店五〇年特集』と銘打たれた企画が掲載されており、その中の『屋上物語』という項目に「昭和四八年（一九七三年）春までは屋上にはいろいろな遊戯場があった」との記述がある。おそらくは、これが「プレイランド」に相当するのではないか。だとすると、「プレイランド」の終焉《しゅうえん》はこの一九七三年あたりということになるだろう。

ただし髙島屋史料館の調査によれば、子供のための遊戯施設は完全に消滅はしていなかったようだ。二〇〇五（平成一七）年四月一二日に屋上にドッグパーク（犬を遊ばせる場所）がオープンするが、その整備工事を行う前には、小動物のショップ（金魚釣りなどもできたらしい）、子供用ゴーカートや各種乗り物などが存在していたようなのである。少なくとも二〇〇〇年代初めぐらいまでは、子供用の遊び場的な要素はあったようだ。

さらに都内における他の髙島屋の店舗について言及すると、一九六九（昭和四四）年に開店した玉川店は開店時こそ屋上遊園地はないものの、『高苑』一六三号・一九七七年一月号には「木製遊具のあるお子様広場」の記載があり、一九八一（昭和五六）年の店内案内には屋上に「プレイランド・お子様広場」の記載がある。店の関係者によれば、一九八五（昭和六〇）年の改装時まではあったという話である。

また、一九七〇（昭和四五）年開店の立川店の場合は開店時から屋上に「プレイランド」が存在しており、これが一九九五（平成七）年の新店への移転までは存続していたようだ。一九九六（平成八）年開店の新宿店の場合には、屋上遊園地は最初から存在していない。どうやら一九七〇年代あたりまでは屋上遊園地を新設させる意欲がまだあったようだが、一九九〇年代以降は存続させることすら難しくなったということだろうか。

次に、遠藤嘉一の出発点となった浅草松屋「スポーツランド」の戦後の変遷について。こちらは株式会社松屋

階段を降りる練習中のゾウの高子ちゃん（『高苑』54号・1958（昭和33）年9月〈株式会社髙島屋〉より／提供：高島屋史料館）　屋上の「象のいる屋上庭園」の人気者だったゾウの高子ちゃんは、1950（昭和25）年にタイから生後8か月でやってきた。しかし4年後には体重が大幅に増えたことなどから、1954（昭和29）年5月25日を最後に上野動物園に移ることになる。移転の際には館内の階段を自分で下らせたが、写真はその練習の様子である。『高苑』54号での写真説明は、「お嫁入りの日を前にして歩行を練習中のタカチャン（昭和29年）」。

浅草松屋の屋上（提供：株式会社松屋）　当時は屋上および7階に「スポーツランド」を開設していた。屋上には小動物園もあり。写真をよく見ると、北東から南西に細長く延びる屋上の上をロープウェイ「航空艇」が動く様子や豆汽車の線路などが見える。画面右下に見えるのは隅田川である。1932（昭和７）年6月以降の撮影。

の総務部広報課からいただいた情報をもとに構成してみる。

本書第四章の内容（P112参照）とも多少重複するが、戦後の「スポーツランド」の復活は浅草松屋そのものの再開と同時で一九四六（昭和二一）年。当初は一階でスタートした。一九四七（昭和二二）年には三～四階の改修工事が終了して、「スポーツランド」は四階に移転。一九五一（昭和二六）年には五階が復興再開したため、「スポーツランド」も五階に移転した。さらにはこの五階の施設を残しつつ、同年中に屋上の「スポーツランド」も再開することになる。その際のアイテムとしては、豆汽車や観覧車などの名前が挙げられるようだ。

一九五二（昭和二七）年頃には屋上にスカイクルーザー、一九五四（昭和二九）年にはクルクルロケットと次々大型施設が完成。同年頃には合計一九台の娯楽施設が設置されて、百貨店の屋上遊園地としては東洋一の規模となっていた。一九五七（昭和三二）年には、五階の「スポーツランド」を撤収して屋上に一本化する。

一九六〇（昭和三五）年三月三〇日には「こども動物園」が開園。ライオンの子二頭、マレーグマ二頭をはじめ、子ウシ、アシカ、リス、ヤマアラシ、シカ、ヤギ、ウサギ、子ブタ、クジャクなど、獣類五〇頭、鳥類四〇羽を揃えた本格的な動物園だった。この年、屋上遊園地の名称も「ドリームランド」と変更される。

その後も動物園にはさらに力を入れていったようで、一九六一（昭和三六）年にはバンコクからやってきた子ゾウがちょうど大きくなってきたライオンと入れ替えとなった。しかし一九六五（昭和四〇）年には動物園を縮小、再び遊園施設の充実を図るようになる。その遊園施設についても一九八二（昭和五七）年に屋上での全面防水工事が決定すると、大型遊戯機器は各種法規制もあって撤去されてしまった……。このように、浅草松屋の屋上遊園地にもさまざまな栄枯盛衰があったようである。

さらに、松坂屋上野店の屋上を見てみよう。こちらはJ．フロントリテイリング史料館の調査による。

元々、上野松坂屋という店舗そのものは宝永年間（一七〇四～一〇年）の創業。これをいとう呉服店（松坂屋の前身）

戦後まもなくの松屋新聞広告（1949〈昭和24〉年4月2日付『朝日新聞』より／提供：国立国会図書館）　1949年の銀座・浅草松屋の新聞広告である。戦後の浅草松屋は、終戦の翌年1946（昭和21）年より再開。その際に「スポーツランド」も一緒に復活している。ただし、屋上遊園地の復活は1951（昭和26）年まで待たねばならなかった。この広告の段階では、まだ「スポーツランド」は4階にあった状態である。

浅草松屋屋上の複式飛行塔

（提供：アミューズメント通信社）1952（昭和27）年頃に発行されたと思われる、日本娯楽機株式会社カタログ『NIPPON GORAKU 営業案内』より抜粋（P19参照）。中藤保則の『遊園地の文化史』によれば遠藤嘉一率いる日本娯楽機が設置したものとされるが、株式会社松屋によればこの乗り物については不明とのことである。浅草松屋の屋上遊園地再開は1951（昭和26）年なので、同年から1952年にかけての撮影と思われる。なお、こちらも映画『東京暗黒街／竹の家』に登場している。

の一一代当主・伊藤祐恵が買収し、「いとう松坂屋」としたのが一七六八（明和五）年。上野店を含めて株式会社「いとう呉服店」として百貨店となったのが、一九一〇（明治四三）年二月一日である。

ただ、上野店における屋上遊園地の開業については、いささか事情が込み入っている。同店は一九二三年（大正一二）年の関東大震災で類焼し、一九二七（昭和二）年に建設した別館を仮店舗として営業を再開。その仮店舗屋上に作られた屋上遊園地が、同店の屋上遊園地の始まりとなる。現在の上野店の建物（新本館）は一九二九（昭和四）年三月に完成。四月一日に開店したが、こちらも開店当初から屋上遊園地は存在していたようだ。

ちなみに戦後も屋上遊園地は開業していたが、松坂屋上野店広報に問い合わせたところ、最終的には一九五七（昭和三二）年に完成した南館のみに屋上遊園地が存続するかたちになったようだ。そして、二〇一四（平成二六）年の南館取り壊しに伴い、屋上遊園地も閉園することとなったという。

なお、J．フロント リテイリング史料館によれば、一九二四（大正一三）年に銀座地区初の百貨店として開業した松坂屋銀座店に、一九二五（大正一四）年五月一日に日本で最初の「屋上動物園」が開園されたという。一九三〇（昭和五）年三月三日には屋上に児童遊技場も開設されたので、同店の屋上遊園地のスタートはこの時点ということになる。また、同日には動物園のライオンが他に移されたようだが、塚本鉢三郎の『百貨店思出話』（百貨店思出話刊行会）によれば、最後に残ったトラが戦争激化のために移され、動物園が閉鎖されたのが一九四三（昭和一八）年頃ということである。だが、屋上遊園地は戦後も開業しており、二〇一三（平成二五）年の銀座店閉店まで存続していた。

つまり、二〇一〇年代前半こそが東京都内における屋上遊園地の終焉ということになる訳である。

松坂屋上野店仮店舗の屋上遊園地（提供：一般財団法人 J.フロント リテイリング史料館） 松坂屋上野店は1923（大正12）年の関東大震災で類焼し、1927（昭和2）年6月に仮店舗で営業を再開する。仮店舗（別館、後の事務館）は再建工事中の本館東南に建てられた地下1階、地上5階建、延面積4400平方メートルの建物（この建物は現存）だが、その屋上に上野店として最初の屋上遊園地が作られた。この写真は8人＋8人の合計16人乗りの大型ブランコのような乗り物をとらえたもので、1927年6月の撮影である。

戦後における松坂屋上野店の屋上遊園地（提供：一般財団法人 J.フロント リテイリング史料館） 戦後の上野店屋上は1957（昭和32）年には「チルドレン・ガーデン」と呼ばれ、ジャングルジム、ブランコ、滑り台などがあったと記録されているが、それ以前から大掛かりな乗り物も存在していた。この写真は1954（昭和29）年の屋上遊園地の様子だが、ロケット型の乗り物を吊り下げた飛行塔が存在していることがわかる。

松坂屋上野店屋上のペンギン（提供：一般財団法人 Ｊ.フロント リテイリング史料館） 昭和30年代、上野店の屋上ではペンギン、アシカ、ウサギ、シラサギ、ツル、カモなどを飼育。毎年新たに干支にちなんだ動物を入れるのが慣わしだったという。なお、松坂屋上野店広報によれば、最終的に南館のみとなった松坂屋上野店の屋上遊園地は、上野フロンティアタワー建設のための南館取り壊しに伴い2014（平成26）年3月に閉園となった。現在は、人工芝のスペースやステージがあり、数点の簡易な遊具などが存在しているのみである。

松坂屋銀座店屋上で憩う人々（提供：一般財団法人 Ｊ.フロント リテイリング史料館） 昭和30年代の松坂屋銀座店屋上の様子である。屋上の動物園は戦時中に閉鎖されたが、屋上遊園地は戦後も存続した。写真上方に見える「ロケット」という乗り物が、代表的な大型遊戯施設である。パラソルの下の六角形のベンチに座って憩う人々が写っているが、このパラソルは取り外されることもあった。

松坂屋大阪店屋上の大プール（提供：一般財団法人 J．フロント リテイリング史料館）　こちらは東京ではなく、大阪店屋上の様子である。同店は1934（昭和9）年10月1日開店。1935（昭和10）年の撮影だが、戦前の百貨店屋上にこのような大掛かりなプールが存在していたことに驚愕せざるを得ない。ちなみにこのプールは冬はスケートリンクとなった。屋上にはメリーゴーランドも設置。

松坂屋名古屋店における「ゾウさんの回転飛行塔」（提供：一般財団法人 J．フロント リテイリング史料館）　松坂屋名古屋店の前身である「いとう呉服店」は1910（明治43）年に名古屋・栄に開業。「松坂屋」としては1925（大正14）年5月1日より開業。屋上に展望台、動物園、水族館の他、こども遊園を開設。1937（昭和12）年にはサルやペリカンなどの動物、汽車、自動車、メリーゴーランドなどの乗り物などを備えていた。「ゾウさんの回転飛行塔」は戦後昭和30年代の乗り物である。

2. 屋上遊園地の落日

「家族で楽しむ百貨店」の終焉

一九六〇年代を通して、世の中の「右肩上がり」な勢いを肌で感じていた日本人。その勢いは、百貨店やその屋上遊園地にも伝わっていた。「あの当時」を知っている人ならば、屋上遊園地のピークは「そのあたり」の時期だったという意見にほぼ賛同していただけるのではないか。休日には繁華街にある百貨店に一家で出かけて、まずは大食堂で食事。大人は買い物を楽しみ、子供たちは屋上遊園地で遊ぶ……。そんな時代が、かつてこの日本に確実にあったのだ。だが、やがて世の中の空気が、微妙に変わる潮目がやってくる。

おそらくわが国において「右肩上がり」な勢いのピークを振り切ったのは、一九七〇（昭和四五）年に大阪で開かれた万国博覧会のあたりではないだろうか。

科学や文明の頂点をきわめて大成功を収めた万博の年、一方で日本を揺るがしていたのは公害問題である。東京都杉並区で光化学スモッグの被害が初めて発生したのが、この年の七月であった。科学の発達や物質的な豊かさが無条件に肯定《こうてい》される風潮に、このあたりから陰りが見え始めたのだ。その後、景気の後退が始まり、一九七一（昭和四六）年にはアメリカがドル紙幣と金の兌換《だかん》を停止する、いわゆる「ニクソン・ショック」が起きる。日本は変動相場制に移行し、一ドル＝三六〇円の時代が終わりを告げることになった。

だが、まだ百貨店は栄華をきわめていた。屋上遊園地もまだまだ安泰に見えた。そんな百貨店業界に冷水を浴びせるような事件が、二年連続して立て続けに発生する。一九七二（昭和四七）年の大阪・千日《せんにち》デパート火災、そして翌一九七三（昭和四八）年の熊本・大洋《たいよう》デパート火災である。

いずれの火災もそれぞれの店舗に防火管理上の問題が多々あり、安全面での劣悪な条件が重なっての出来事であった。このふたつの大惨事によって屋上に関して新たに法令が改正され、それが屋上遊園地の衰退につながった……とは、一般的によく語られている話だ。だが、実際のところはどうなのか。

総務省消防庁の予防課に問い合わせてみたが、元々消防法には屋上に関する規制はない。これらの火災による影響で、屋上に関して改正が行われた形跡もない。各自治体で制定する火災予防条例の参考例として、消防庁から「通知」として出す『火災予防条例（例）』の第三八条第三項には「百貨店等に避難に使えるような屋上広場を設けた場合は、当該広場を有効に維持しなければならない」という項目があるようだが、これはあくまで「例」であり、具体的に何かを規制したり強制する内容でもない。

国土交通省の住宅局建築指導課に問い合わせたところ、建築基準法施行令の第一二六条の二に「建築物の五階以上の階を百貨店の売場の用途に供する場合においては、避難の用に供することができる屋上広場を設けなければならない」というくだりがあった。だが、例の火災に起因した屋上に関する改正は行われていない。東京都市整備局に問い合わせたところ、東京都建築安全条例・第二四条の二で、百貨店の屋上広場について「避難上障害となる建築物又は工作物を設けないこと」と定めてはいる。だが、元々これも同条例が制定された一九五〇（昭和二五）年当時からあった項目だ。東京消防庁に火災予防条例について問い合わせても、千日デパートの地元である大阪市消防局でも、例の火災による屋上に関する条例の改正はなかったという。なんらかの法令の改正等はあったかもしれないが、こと「屋上」に関してはこのタイミングでの改正は特になかったようなのだ。

それでも両デパートの大惨事が、屋上遊園地の維持や新設に対する百貨店の意欲を減退させた面はあったかもしれない。今日の目で見れば、それは百貨店と屋上遊園地の前途に立ちこめた暗雲のように思える。

そんな中で、遠藤嘉一も日本娯楽機もまだまだ健在であった。それどころか、ますます意気軒昂《けんこう》であるように見えた。当時、遠藤は文字通り業界の第一人者であり、一九七一年に関東・関西の組織を統合して設立された全国規模の業界団体、日本遊園施設協会の会長を務めた。さらに一九七三年、日本遊園施設協会は小型遊戯機械業界の全国組織である全日本アミューズメント協会と合体して、全日本遊園協会が誕生。こちらも遠藤が会長に就任する。先駆者であり業界の最長老であった遠藤こそ、このポストに最もふさわしい人物だったようだ。こうした長年の功績が認められ、一九七七（昭和五二）年四月二九日には遠藤の勲五等双光旭日章叙勲が発表される。もちろん、業界始まって以来のことだ。まさに我が世の春である。

だが、またしても百貨店や屋上遊園地を取り巻く環境は変わっていた。

そのひとつは、自家用車の普及である。『昭和五九年度　運輸白書』によれば、わが国の自家用乗用車数は東京オリンピック後の一九六五（昭和四〇）年度末で二一四万台、一一世帯に一台だった。それがモータリゼーションの急速な発達によって、一九八三（昭和五八）年度末には二六〇七万台、一・五世帯に一台となって一九六五年度の約一二倍に達する。こうしたクルマの普及が、わが国におけるレジャーを劇的に変えた。

さらに一九八〇年代後半から一九九〇年代前半にかけてのバブル景気が、社会全体と人々のライフスタイルを激変させる。一九八三年に東京ディズニーランドが開園し、全国各地に次々とテーマパークがオープン。その最盛期は、バブル景気の期間とピッタリ一致する。また、一九八〇年代からは郊外型ショッピングセンターが出現したのも大きい。その発展にはクルマが大きな役割を果たしており、食事も娯楽も買い物も家族で楽しめるという場は、もはや百貨店ではなくなってきた。必然的に、子供たちも休日を百貨店の屋上遊園地で過ごす機会が減っていったのである。

全日本遊園協会の会長を務める遠藤嘉一（提供：アミューズメント通信社）　全日本遊園協会の事務所にて、1977（昭和52）年4月に撮影。同月29日には業界の創始者としての貢献を評価され、勲五等双光旭日章を受勲。その件に関する取材の際に撮影されたものと思われる。

テーマパークの業務開始年代別事業所数〈1997（平成9）年の内訳〉

業務開始年代	事業所数	割合（%）
1955（昭和30）～1964（昭和39）年	3	4.6
1965（昭和40）～1974（昭和49）年	3	4.6
1975（昭和50）～1984（昭和59）年	7	10.8
1985（昭和60）～1994（平成6）年	41	63.1
1995（平成7）年～1997（平成9）年	11	16.9
合計	65	100

「平成9年　特定サービス産業実態調査」
（経済産業省　経済産業政策局調査統計部）より

「平成9年　特定サービス産業実態調査」における「テーマパーク」の定義　入場料をとり、特定の非日常的なテーマ（例：「外国の建物・文化」「日本の文化・歴史」「近未来、ハイテク、SF」など）のもとに施設全体の環境づくりを行い、空間全体を演出し客に娯楽を提供する業務を営んでいる事業所のうち、常設かつ有料（入場料にアトラクション施設利用料金相当額を含むものを含む）のアトラクション施設を有する事業所をいう。

この表は、1997（平成9）年においてわが国で開業していたテーマパークについて、それぞれの業務開始年代を集計したものである。1995（平成7）年～97年に開業したテーマパークについては、3年間だけに限った数値としては多く感じられるが、実際にはこの後にテーマパーク新設は激減する。また、1997年の時点ですでに多くのテーマパークが消滅しているため、それも含めれば1985（昭和60）～94（平成6）年のバブル期に新設されたテーマパークは圧倒的多数であったと思われる。

万物流転の法則

一方、渋谷の街も変化を続けていた。

一九七三(昭和四八)年に商業施設「渋谷パルコ」のPART1、一九八九(平成元)年に「ファッションコミュニティ109(現・SHIBUYA109)」が開業。いわゆる渋谷カルチャーを盛り上げた。さらに一九八九年二月には、渋谷駅前でも新たな動きがあった。

あのハチ公像に、住み慣れた地下街入口の隣からの移動が決まったのだ。

渋谷区が進めていたハチ公前広場整備の一環として行われるもので、当時でも一日一〇〇〇人以上の待ち合わせでごった返していた広場の人の流れをスムーズにするべく、ハチ公がまたまた動かされることになった訳だ。

そのため、まずは同年二月一〇日午前一時二〇分過ぎにクレーン車で吊り上げられて、約一〇メートル南側の東急百貨店東横店・西館(かつての東横百貨店新館=東急会館)のそばに移設。一九六四(昭和三九)年の東京オリンピック直前に噴水を建設するため南へ移動させられた(P152参照)ハチ公像は、再び南へとズラされた訳だ。

ただ、これも仮の住まい。同年五月二日午前一時四〇分、今度は約一五メートル北側へと移動。顔を駅の改札に向けての座り直しである。実は初代ハチ公像が一九三四(昭和九)年に渋谷駅前に設置されてから(P80参照)五五年経って初めて、生前のハチがご主人の帰りを待ち続けた時と同じように、駅に向かって座ったのであった。

それからまもなく、ハチ公の居場所が変わったように世の中の動きも徐々に変わってくる。内閣府経済社会総合研究所が設定した「景気基準日付」によれば、一九九一(平成三)年二月が「景気の山」だという。つまりは「バブル景気」のピークだ。そして、一九九三(平成五)年一〇月は「景気の谷」。つまり、「バブル崩壊」の時期ということになる。それまでの浮かれ気分に冷水を浴びせるかのように、世間の空気はまたしても一気に変わってきた。そして屋上遊園地の世界もまた、別の意味で変革を迫られつつあった。

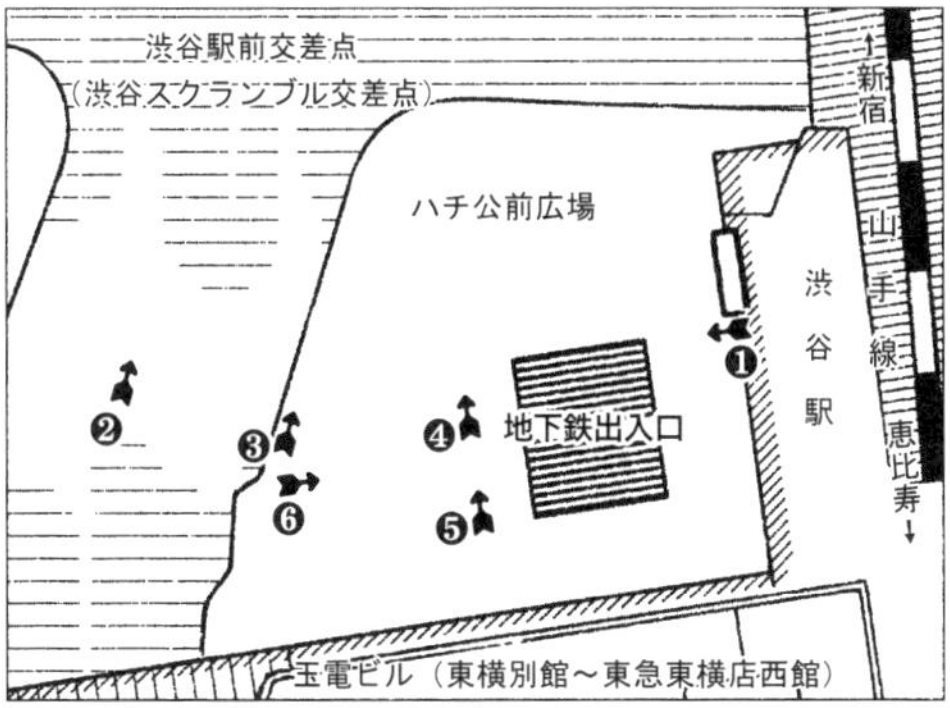

（作成：しゅうさく）

東急会館前のハチ公像、1981（昭和56）年撮影。（提供：白根記念渋谷区郷土博物館・文学館）

ハチ公像移動図（1934～2020）　渋谷駅のシンボルであるハチ公像は、意外にも何度もその位置を変えている。一説によれば10数回ともいわれているが、正確に把握できないのはハチ公前広場（渋谷駅前広場）のレイアウトや道路の幅、それぞれの位置関係が時代ごとに大きく変貌しているからである。東京法務局渋谷出張所で「渋谷区道玄坂二丁目41-2」（渋谷駅前広場～ハチ公前広場を含む土地）の地積測量図、土地登記事項証明書などを取り寄せてみたが、その土地内での道路等の移動や変更はまったく確認できないために詳細は不明である。写真などから確認できたハチ公像のおもな移動は、ほぼ以下の6回と考えられる。

❶ 1934（昭和 9）年 4 月 21 日に、渋谷駅の玄関口脇に設置された「初代ハチ公」。切符売場からも見えるような、入口のすぐそばの場所である。ハチ公像は 1944（昭和 19）年 10 月に金属供出でいなくなるまで、この場所にあった。その顔は駅の外側（西）に向いていた。

❷ 1948（昭和 23）年 8 月15 日に、「二代目ハチ公」が再建される。場所は、駅前広場の西の道路中央部にあった緑地帯。ハチ公の顔は北側を向いている。この当時はまだ自動車の交通量が少なかったこともあり、「車道」「歩道」の区別が曖昧だったようだ。

❸駅前広場のレイアウト変更（おそらく駅前ロータリー建設）に伴う移動のようで、②の位置からほぼそのまま東に移した状態。顔の向きも北側のままである。1950（昭和 25）年10月までは②のままだったようだが、12月の段階ではすでに移動を済ませているようだ。

❹ 1957（昭和 32）年、渋谷駅の地下街建設に伴って、ハチ公がハチ公前広場（渋谷駅前広場）の中央部に移転。新設の地下鉄出入口のすぐ西である。顔の向きは北側のまま。地元からの移転要望の記事が掲載されたのは同年 6 月 29 日付『朝日新聞』で地下街のオープンが12 月 1 日なので、ハチ公の移転はその 5 か月間のどこかで行われたと考えられる。また、その間は工事に支障の出ない場所に一時移転させられていた可能性もある。

❺ 1964（昭和 39）年、東京オリンピック開幕に間に合わせるべく噴水池と噴水塔が作られたため、またまたハチ公が移動。それまでハチ公がいた④の位置に噴水ができることになって、ハチ公はやや南へと移動する。噴水の建設はオリンピック開幕寸前までかかっていたようなので、移動時期は 1964 年夏頃と推定される。

❻ 1989（平成元）年 2 月10日未明に駅前整備で再度移動することになったハチ公は、一旦は工事の邪魔にならないように約8メートル（10 メートルという説あり）だけ南東に移動。ただしこれは一時避難で、5 月 2 日未明に今度は約15メートル北西の位置に移動した。その際に、顔の向きも駅側（東）に向くようになり、初めて本来の主人を待つポジションに座り直した。以来、2020（令和 2）年現在までこの位置に置かれている。

「世の中の流れがハイテク化に向かっていたんです」と語るのは、第二章でも証言してくれたかつての日本娯楽機社長・鈴木徹也（現・ニチゴグループ会長）である（P60参照）。「昭和四〇年末から昭和五〇年を契機にハイテク化していったんですよ、任天堂のゲームとかね」

前述したように、鈴木が日本娯楽機の社長に就任したのは一九九二（平成四）年。長崎屋系列のサンテクノサービスやサンバード・ファイナンスの社長を経ての就任である。遠藤嘉一はすでに社長の座を退いていた。

当時、日本娯楽機は台湾に進出していた。台中市にできた中友百貨がそれで、同社はそこで大々的に「プレイランド」を運営していた。「中友はもともと建設会社で、百貨店事業に進出したんです。どういう関係なのかは知らないけれど、中友は素人《しろうと》だから日本の松屋が全面的にコンサルタントして。松屋と日本娯楽機は緊密な関係でしたから、テナント誘致があったんでしょう。大体一〇〇〇坪（約三三〇六平方メートル）ですか。私が社長として入った時にはすでにプロジェクトが動いていたというか、もう五月にオープンした後でした」

前述したように、遠藤嘉一には戦前の一九二七（昭和二）年に台湾に長期出張した経験がある（P56参照）。自動木馬を宝塚新温泉に納入する直前、つまり遠藤がアミューズメント機器の業界に本格的に飛び込む直前のことである。日本娯楽機が台湾進出に乗り出した元々の発端には、遠藤が台湾に抱いていたノスタルジーが後押ししていた部分が多少あったのかもしれない。

中友百貨は台湾中部の都市・台中市にある百貨店で、特徴は一五階建ての店舗ビルがA、B、Cの三棟並んでいること。「フロアごとにテーマの違うトイレ」でも有名だ。「三棟がブリッジで連なっていてね。大変立派な百貨店で成功してましたよ」

ただ、中友百貨で日本娯楽機が運営したのは、いわゆる屋上遊園地ではなかった。

「台湾は熱帯だから雨も多いし、屋上がないんです」と鈴木は語る。「だから、屋内になった。九階（著者注・実際には八階だったようである）を『プレイランド』にした訳です」

当然、そこは日本の屋上遊園地的な乗り物などが主体のものではなく、ゲームセンター的な内容になった。デパートの遊戯施設といっても、日本娯楽機が従来手がけて来たものとはかなり趣《おもむき》の違う施設となった訳だ。日本娯楽機は新たに台湾に本拠を置き、本腰を入れて運営にあたった。「台中市に日知娯股份有限公司という台湾法人の別会社を作ってね。中友百貨の中に事務所がありました。業界で先駆的だったから話題になって、当時は視察に来る人がいたりしましたよ」

先にも述べたように、中友百貨の「プレイランド」はそれまで日本娯楽機が得意としていたローテクの遊戯機器が主体のものではなく、ゲームセンター的な施設であった。やはり、そこで「勝手が違った」ところはあったのだろうか。徐々にそうした「違和感」がハッキリしていったようなのである。

「やってみるとわかるけど、ゲームは二年くらい経つと売り上げが落ちてくるんです」と鈴木。「ゲームセンター的なものが主力だったけど、長持ちしない。だから、入れ替えが膨大になってくる。投資がバカにならない。うまく循環すれば儲《もう》かるんだけど、投資に食われる訳ですよ」

中友百貨の「プレイランド」は一〇〇〇坪の広大な施設である。その規模の大きさが、徐々に重くのしかかってくる。途中から参加した鈴木も、一年後ぐらいからは台湾の責任者を兼任することになった。

「頻繁《ひんぱん》に台湾へ。それこそ毎月、一週間ごとに向こうに行きました」と鈴木は語る。「経営者として、全権を持っていましたからね。行った時は忙しくて観光どころじゃない。地獄だったね」

中友百貨の問題は、ゲームセンター運営の難しさだけではなかったようだ。そこには当時の台湾ならではの事情も横たわっていたと鈴木は回想する。「いろいろと難しい問題もあったんですよ。向こうは法律が結構変わる。一八時以降はダメだとか。政権が変わるとまた変わったりして、台湾自体が過渡期だった。台湾の経済が発展していたという背景はあったと思います。台湾への進出は、今思えば早すぎたのかもしれません。結局、中友百貨は五年契約だったので五年間で撤退しました」

そんな鈴木は、わが国にも百貨店の遊園施設に時代の波が押し寄せてきた事情を語る。「昭和四〇年代ぐらいまでは、儲かって仕方なかったんでしょうね。でも、一方で大型テーマパークなどができつつあって、徐々に屋上遊園地離れは始まっていた。デパートだって最盛期の売上は一〇兆円規模でしたが、今は五兆円ぐらいでしょう。私も浅草松屋、銀座松屋、渋谷東急、大井町阪急など……撤退に関わりました。遊園地器具だから、持っていく場所もそんなにないんですよ」

人々の生活も変わり、レジャーのかたちも変わってきた。当然、その影響が波及してきたことも大きいと鈴木はさらに説明する。「時代の流れとしては、屋上じゃなくて室内遊園地になってきた。今やっているイオンファンタジーみたいなかたちが主流になっている。もうひとつの流れはテーマパークですよね」

バブル期の前から、屋上遊園地を取り巻く環境は徐々に変わりつつあった。まだまだ人気を博していた頃でも、すでに水面下では何かが起きていたのだ。バブルはそれに最後の「ひと押し」をしただけなのだろう。

「そろそろ屋上遊園地の体力が落ちてきていたところに、昭和六三（一九八八）年と平成元年がバブルのピークでしょう？」と鈴木は語る。「平成二（一九九〇）年からバブル崩壊がなだらかに進行して、平成三年には湾岸戦争で石油が上がって、金利が上がって経済が落ち込んでいく。結果的には、空白の二〇年といわれる時代になっていく訳ですからね。屋上遊園地だけがどうのという話ではないですよ」

最後に鈴木は、こう付け加えることも忘れなかった。「後から結果を分析するのは、誰でもできるからね」

台湾の中友百貨(TK Kurikawa／Shutterstock.com)　台中市北区三民路三段にある中友百貨(Chungyo Department Store)は、1992(平成4)年5月にオープン。15階建ての店舗ビルがA、B、Cと3棟並んでいる様子がわかる。ユニークなデザインのトイレが話題となり、『TIME』誌にも紹介された。オープン時から5年間は、日本娯楽機が運営している「プレイランド」が存在していた。この写真は2016(平成28)年12月9日の撮影。

台湾での鈴木徹也(提供：鈴木徹也)　1993(平成5)年～94(平成6)年頃、台湾・台北市にある国立中正紀念堂前にて撮影。日本娯楽機の台湾法人である日知娯股份有限公司の社長を兼任していた当時の写真である。中正紀念堂は台北市中正区にある初代総統・蔣介石の顕彰施設で、中国の伝統的な宮殿陵墓式が採用されている。中正紀念堂の「中正」とは、蔣介石の本名のこと。

ひっそりと姿を消して……

新しい世紀……二一世紀が幕を開けたばかりの二〇〇一（平成一三）年一月三一日、東京都清瀬市の病院でひとりの男が静かに息を引き取った。その人物こそ、日本娯楽機の創業者で「ひばり号」の生みの親でもある遠藤嘉一その人である。享年一〇二。奇《く》しくも二〇世紀が始まる寸前の一八九九（明治三二）年一月八日に生まれた遠藤は、文字通り二〇世紀とともに生き、それに殉《じゅん》じたかのごとくこの世を去った。

その新しい世紀が始まると同時に、堰《せき》を切ったかのように百貨店の屋上遊園地が姿を消していく。遠藤がそのキャリアを一気にステップアップさせることになった浅草松屋の屋上遊園地も、同店が四階以上のフロアの営業を打ち切ったことから二〇一〇（平成二二）年五月三一日に閉鎖された。あの「ひばり号」の乗降場があった東急百貨店東横店・東館（旧・東横百貨店本店）も、渋谷再開発に伴う同店取り壊しのため、二〇一三（平成二五）年三月三一日に屋上の「ちびっ子プレイランド」を閉鎖。「ひばり号」の痕跡は、地上から消え失せてしまった。そんな浅草松屋と東急百貨店東横店・東館の屋上遊園地は、どちらもニチゴ（日本娯楽機の後身）が経営していた。二〇一三年三月二九日付毎日新聞夕刊によれば、最盛期に首都圏で一〇か所ほどあったニチゴ経営の屋上遊園地は、東急東横店・東館屋上の閉鎖によってゼロになってしまったという。

そんな同年九月七日（日本時間は八日）、ブエノスアイレスでのＩＯＣ総会で二〇二〇年夏季オリンピック大会の東京開催が決定する。いつの間にか、時代のサイクルがまた一回りしようとしていた。

二〇一四（平成二六）年三月には松坂屋上野店・南館で、同年九月には京王百貨店新宿店で、さらに二〇一九（令和元）年六月には東急百貨店吉祥寺《きちじょうじ》店で、屋上遊園地が閉園となった。あとは小田急百貨店新宿店のジャングルジム等と、厳密には百貨店ではないが東急プラザ蒲田《かまた》の観覧車等がかろうじて存在しているのみ。東京都内の百貨店における大規模な屋上遊園地は、この段階で姿を消したのである。

浅草松屋の屋上遊園地最終日（提供：株式会社松屋）　2010（平成22）年5月31日に撮影された、浅草松屋の屋上遊園地最終日の様子である。浅草松屋は業績不振などを理由に4階以上のフロアの営業を打ち切ることになったため、それに伴って屋上の遊園地も閉鎖されることになった。「スポーツランド」以来ほぼ80年の歴史が、これにて終了することになった訳である。

閉園間近い東急百貨店東横店の屋上遊園地（提供：シブヤ経済新聞）　2013（平成25）年3月31日に閉鎖を迎えることになった、東急百貨店東横店・東館（旧・東横百貨店本店）の屋上遊園地「ちびっ子プレイランド」の閉園間際の様子。渋谷再開発に伴う同店の取り壊しによって閉鎖が決定した。この後、取り壊した跡地には渋谷駅街区＝渋谷スクランブルスクエアの東棟が建設されることになる。なお、「ちびっ子プレイランド」は首都圏におけるニチゴ（日本娯楽機の後身）経営の屋上遊園地としては最後のものであった。

COLUMN

「ひばり号」が浮かんだ空(6)

五輪マークを付けたロープウェイ

1972(昭和47)年2月に開かれた、第11回冬季オリンピック札幌大会。その大会のために作られたロープウェイがあったことをご存知だろうか。その名も「オリンピック号」。北海道千歳市、恵庭岳にあったアルペンスキーの滑降競技場に作られたロープウェイである。

恵庭岳南西斜面に、中間駅を挟んで下から1区と2区の2区間で構成。大会後は、恵庭岳が支笏洞爺国立公園の特別地域（現在は第二種特別地域）であるため撤去。その後は「のぼりべつクマ牧場」のロープウェイとして使われ、1992（平成4）年には使命を終えた。

なお、1998（平成10）年に開催された長野オリンピックでは、オリジナルのロープウェイはなかったようだ。白馬村役場によればジャンプ競技場にはリフトしかなく、アルペン競技場として使われていた「白馬八方尾根スキー場」には八方ゴンドラリフトが稼働していたが、スキー場のために民間が架設した既存のものということである。

起点停留所そばの「オリンピック号」（提供：安全索道株式会社）

恵庭岳滑降競技場から見た「オリンピック号」（『第11回札幌オリンピック冬季大会　大会必携』〈全日本スキー連盟〉より／提供：札幌スキー連盟／協力：全日本スキー連盟）

（協力：『失われたロープウェイ』HP）

エピローグ

渋谷スクランブルスクエア東棟オープン

東急百貨店東横店・西館の壁面　2020(令和2)年3月31日に営業終了が決定している東急百貨店東横店・西館の壁面には、2020年東京オリンピック・パラリンピックのエンブレムが入った広告が貼り出されていた。2019(令和元)年8月22日の撮影。

再開発に漂う時代の残り香

二〇一四（平成二六）年六月三日付朝日新聞夕刊を見た古い渋谷の住人や鉄道ファンたちは、そこに掲載されていたある記事を見てアッと声を上げたかもしれない。

解体工事が進んでいた東急百貨店東横店・東館で一階の天井板をはがしたところ、古風なアーチ型の天井が出現した……という記事が掲載されていたからだ。それは、この建物の下を玉川電気鉄道が走っていた頃の名残り。例の玉電ビル建設に伴う改修まで、玉電は旧・東横百貨店の一階部分を通り抜けていたのである。それはまた、あの「ひばり号」にもつながっていく、時代の残《のこ》り香《が》のようなものでもあった。

東京の街は二〇二〇（令和二）年東京オリンピック・パラリンピックに向けて、新たな建設ブームに沸いていた。その東京大会もあと一年に近づいてきた二〇一九（平成三一）年三月末には、一般から回収した金属によってメダルを作るという「都市鉱山からつくる！みんなのメダルプロジェクト」も終了。一時期は銀の不足で小中学校から携帯電話やパソコンなどを回収しようという話まで出てきたようだが、なんとか回収目標を達成できたようだ。そんな最中の二〇一八（平成三〇）年一一月二四日、フランスのパリで行われたBIE総会にて二〇二五年万博の大阪・関西での開催が決定する。オリンピック、そして万博……それは「いつか見た」ような幻影を、我々日本人に思い起こさせた。

その二〇二〇年東京オリンピック・パラリンピック前の開業を目指して、あるプロジェクトがついに動き出した。横浜市のロープウェイ計画がいよいよ具体化したのだ。JR桜木町《さくらぎちょう》駅周辺で二〇二〇年一月より工事開始が決まった。開業は二〇二〇年度末の予定。「ひばり号」の開業からほぼ七〇年後、日本で初めて、都市部における交通インフラとしてのロープウェイが本格的に実現しようとしているのである。

東京メトロ銀座線の渋谷駅も、再開発によって大きくそのかたちを変貌させることになった。かつて東急百貨

東急百貨店東横店・東館に出現したアーチ型天井（提供：東急株式会社）　2013（平成25）年3月に閉店して解体工事が進められていた東急百貨店東横店・東館の1階で、2014（平成26）年に玉川電気鉄道（玉電）が走っていた時代の名残りと見られるアーチ型の天井が出現。1937（昭和12）年に始まる玉電ビル建設に伴う改修まで、玉電は旧・東横百貨店の一階部分を通り抜けていた。ただし、この貴重なアーチ型の天井も、最終的には東館の他の部分とともに解体されている。

横浜市ロープウェイのイメージ図（提供：横浜市）　横浜・みなとみらい21（MM21）新港地区とJR桜木町駅前をロープウェイで結ぶ民間計画が、2019（平成31）年2月13日に発表された。大阪の泉陽興業が提案した計画で、名称は「YOKOHAMA AIR CABIN（仮）」。ゴンドラは海面から最高約30～40メートルの高さで移動。延長は約630メートルで、海上の遊歩道「汽車道」の南側に沿って整備される。2020（令和2）年1月より工事が開始され、同年度末に開業予定。

店東横店・西館三階にあったものが、約一三〇メートル東寄りの明治通り上に移動したのである。あの複雑怪奇な渋谷駅の構造も、もはや過去のものになろうとしているのか。

渋谷駅周辺は渋谷川とその支流・宇田川《うだがわ》とが合流する「谷底」にある。この立地条件ゆえに、渋谷駅周辺は古くから絶え間ない「再開発」を続けてきた。また、東急による東横線沿線の開発も、渋谷駅の発達をさらに促進させてきた。それが、渋谷をきわめてユニークな街へと作り替えていったのである。かつては東京でも代表的な地域とは言い難かった渋谷が、いまや国際的に知られる街となった理由はそこにある。

渋谷の変貌はまだまだ続き、その一環としてまたしてもハチ公像の移転が予定されている。ハチ公が安住の地を得られる日はいつ訪れるのか。渋谷パルコは二〇一六（平成二八）年八月に一旦閉店し、建て替えられた後に二〇一九（令和元）年一一月にリニューアルオープン。また、ＳＨＩＢＵＹＡ１０９は長らく使われていたロゴマークを開業四〇周年を機に公募にて一新し、二〇一九年四月に建物外壁のロゴを付け替えた。日本経済の「収縮」が叫ばれる中、果たして渋谷カルチャーの復権はあるのだろうか。

残されていた東急百貨店東横店・西館（かつての玉電ビル〜東急会館）も、二〇二〇年三月三一日には閉店。これによって、渋谷駅周辺から東横百貨店〜東急百貨店東横店の痕跡は完全に消滅する。渋谷再開発プロジェクトすべての終了は、二〇二七年の予定である。

二〇一九年一一月一日には、高さ約二三〇メートルの渋谷スクランブルスクエア東棟が開業。訪れた人々は、その展望施設「渋谷スカイ」から見る絶景に感嘆の声を上げた。その場所こそ……。

かつて「ひばり号」からの眺望が子供たちを喜ばせた、あの東横百貨店本店の跡地なのであった。

東京メトロ銀座線渋谷駅の移設工事　東急百貨店東横店・西館3階にあった東京メトロ銀座線の渋谷駅を、約130メートル東に移動させ明治通りの上に設ける移設工事の様子。背後にそびえ立っているのは渋谷スクランブルスクエア東棟、右端に西館が見える。この移設工事の最後の「仕上げ」として、2019(令和元)年12月28日～2020(令和2)年1月2日に区間運休が行われた。新駅舎の開業は、運休明けの2020年1月3日である。この写真は2019年5月2日に撮影。

渋谷スクランブルスクエアの東棟が開業(提供：渋谷スクランブルスクエア株式会社)　2019(令和元)年11月1日、渋谷エリアで最も高い約230メートル・地上47階建ての大規模複合施設、渋谷スクランブルスクエアの東棟がオープン。朝9時より行われたテープカット・セレモニーには、渋谷スクランブルスクエア株式会社・代表取締役社長の高秀憲明、渋谷区長の長谷部健、音楽プロデューサーの亀田誠治らが出席した。写真はセレモニー後に一般客が入場する様子。

あとがき

本書は、今では失われてしまったロープウェイ「ひばり号」を扱った本である。かつて渋谷の東横百貨店本館(後の東急百貨店東横店・東館)から別館(同・西館=旧・玉電ビル)の屋上に架かっていた、一種のアトラクションだ。「ひばり号」について私が初めて知ったのは、今から一〇年以上も前、まだ私がある編集プロダクションで働いていた頃のこと。その会社での仕事として日本各地の「遺構」を紹介する本を作っていた時に、偶然に知ったのである。以来、「ひばり号」のことは心のどこかにずっと留まっていた。

だが「ひばり号」については、とにかく記録が何も残っていないのが難点だった。「ひばり号」を中心に話を広げようにも、そのきっかけすら摑《つか》めないまま何年かが過ぎた。その状況が打開されたのは、ちょっとした偶然だった。今から三年前に雇われ仕事である書籍を作ることになった時、その中の一項目として「ひばり号」を取り上げることになったのが発端である。それはせいぜい数ページの内容でしかなかったが、前々から私はチャンスがあったら、ドサクサに紛《まぎ》れて「ひばり号」を扱いたいと思っていたのだ。

結果からいうと、この本は実現しなかった。版元の不手際で頓挫《とんざ》してしまったのだが、その取材の際に今まで見つからなかった資料が偶然発見された。また、新聞社のアーカイブを調べていたら、古い写真の片隅にそれとは気づかれない小ささで「ひばり号」が写っていることにも気づいた。こうした「発見」が積み重なって、今回、本書が実現することになった訳だ。

冒頭に述べたように、本書は「ひばり号」を扱った本だ。だが、単にそれ「だけ」を取り上げた本ではない。今回「ひばり号」を取り巻く事柄を調べていくうちに、「ひばり号」が誕生するにはいくつかの要素が関わっていたことに気づいた。それらは大きく分けると、「わが国における都市のロープウェイ」「アミューズメント設備の発展に貢献した人物」「渋谷駅周辺という土地柄」「デパートにおける屋上遊園地」……ということになるだろうか。時代的には明治から現代に至るタイムラインに重なるもので、いずれも時代のメインストリームから見れば傍系の「歴史」である。しかし、それらの要素を丹念にほぐしていくと、そこには日本の近現代史そのものが徐々に浮かび上がってくる。そもそも「ひばり号」の生みの親である遠藤嘉一氏の生涯が、二〇世紀そのものにすっぽり重なるのだ。そのことに思い当たって、私は大いに興奮した。

だから、「ひばり号」は時代を見つめるためのユニークな切り口になり得る。これは「ひばり号」から眺めてみた、日本における近現代史の鳥瞰図《ちょうかんず》なのである。

私が著書を制作する時の常ではあるが、本書を実現させるためには数多くの人々の力を借りることになった。まずその筆頭には、東急株式会社の加藤千咲氏の名前を挙げなければならないだろう。今回、私からの度重なるお願いに最も悩まされた方だと思う。この方にはどれほどお礼を申し上げても足らない。白根記念渋谷区郷土博物館・文学館の岡田謙一氏、渋谷区広報コミュニケーション課・区政資料コーナーの山田剛氏、シブヤ経済新聞の西樹氏にもいろいろ相談に乗っていただいた。また、魁綜合設計事務所の北村脩一氏と北村紀史氏のお二人、株式会社坂倉建築研究所の千葉雅子氏、清水建設株式会社の畑田尚子氏には、貴重な証言や資料、写真等を頂戴《ちょうだい》する機会をいただいた。この方々にも大いに感謝である。

株式会社アミューズメント通信社の赤木真澄氏には、本書の制作に踏み切るためのきっかけとなった新資料を頂戴した。その資料の存在を知らなければ、本書を作ろうとは思わなかっただろう。ニチゴグループの会長である鈴木徹也氏には、貴重な証言をいただいた。そして、株式会社東京楽天地の南拓哉氏と平川茂雅氏には、写真を多数ご提供いただいた。それぞれの皆様にここで厚く御礼申し上げたい。

百貨店各社のみなさまにも多大なご協力をいただいたが、ここではしつこいほどの私のお願いにご対応いただいた株式会社松屋の桐岡ひかる氏、一般財団法人J．フロントリテイリング史料館の加藤恵美氏と竹崎恵氏、株式会社髙島屋 髙島屋史料館の松本有香子氏、さらに株式会社三越伊勢丹ホールディングスの山田真貴子氏に特に感謝の言葉を申し上げたい。この方々をはじめ百貨店関係の皆様のおかげで、今まで全貌がまったくわからなかった百貨店の屋上遊園地について、東京都内限定ながらもなんらかの記録を残すことができたと思う。

古い画像や資料については、次に挙げる方々にもご協力いただいた。台東区立中央図書館・郷土史担当の皆様には、何度もお問い合わせしたのでほとんど全員にお世話になってしまったのではないか。兵庫県立歴史博物館の香川雅信氏、大阪府立中之島図書館・大阪資料古典跡課の方々、宝塚市立中央図書館の金田順子氏、阪急電鉄株式会社の池田貴裕氏、杉並区郷土博物館の金子さおり氏、NPO法人チューニング・フォー・ザ・フューチャーの手塚佳代子氏、杉並区産業振興センターの瀧口美佐子氏、株式会社安藤・間の吉柳斉氏、一般財団法人東武博物館の山田貴子氏、公益財団法人メトロ文化財団 地下鉄博物館の学芸課ご担当者、東京大学工学・情報理工学図書館 工1号館図書室Aの駒崎知永理氏、絵葉書博物館の藤野賢二氏、江津市教育委員会社会教育課・文化スポーツ振興係の盆子原奉成氏……からは、お宝といっていい画像や情報をいただいた。本書はこうした方々のおかげでなんとか成立したことを改めて痛感している。

また、関西乗車券研究会の加田芳英氏、渋谷区郷土写真保存会の佐藤豊氏、宝塚ファミリーランドの画像を頂戴した松本晋一氏、横浜博覧会の写真でお世話になった三浦大介氏、六甲登山ロープウェイの写真をご提供いただいた森地一夫氏、東横沿線を語る会の岩田忠利氏、世界一周フォトたびのuca氏、在日ジョージア大使館のDavid Goginashvili氏、吉野大峯ケーブル自動車株式会社の内田英史氏、安全索道株式会社の藤澤一弘氏、公益財団法人札幌スキー連盟事務局ご担当者、国際オリンピック委員会（ＩＯＣ）のAline Luginbühl氏、万博記念公園マネジメント・パートナーズの小谷洋介氏、法政大学経済学部教授の藤田貢崇氏、早稲田大学社会科学総合学術院社会科学部教授の佐藤洋一氏、江戸東京博物館の新田太郎氏……のご協力にもここで改めて感謝したい。

いつも私の著書を制作するにあたって力をお借りしている東京都中央区立郷土天文館の増山一成氏、乃村工藝社情報資料室の石川敦子氏、公益財団法人日本スポーツ協会資料室の佐藤純子氏、そして交通史研究家の曽我誉旨生氏には、またまたさまざまな形でご尽力いただいた。重ねてお礼申し上げたい。

かつて私が在籍していた株式会社アーク・コミュニケーションズでの同僚・本山光氏と金子真理氏、私の大学時代からの旧友・沖山崇氏、写真を快く提供してくれた森田友美子氏、私からの相談に乗ってくれた河野友美氏、例によってインタビューのテキスト化で協力してくれたAKIRA text createの山本晶氏にも大変お世話になった。アークにおける私の上司であった成田潔氏にも、改めて感謝すべきだろう。そこで私が「ひばり号」と出会ったからこそ、本書を完成することができた。そして最後に、制作中に私をずっと激励してくださった柏書房の村松剛氏にもお礼を申し上げたい。

大げさな話ではなく、すべては出会いだと思わざるを得ない。本書の成立は、その一言に尽きる。

本書を制作するにあたっては、何冊かの書籍に負っている部分が大きい。ある意味で、それらの受け売りのようなものであると白状しなければ、先人に対してフェアではないだろう。

ロープウェイに無知だった私にとって、斎藤達男氏の『日本近代の架空索道《さくどう》』に出会うことができたのは幸運だった。今は亡き斎藤達男氏の夫人である斎藤チエ子氏にお会いできたことで、本書は幸先のいいスタートを切れたと思う。また、「ひばり号」の生みの親である遠藤嘉一氏をはじめ、当時を知る方々に話を聞くことが叶《かな》わない今となっては、中藤保則氏の『遊園地の文化史』や『ゲームマシン』に連載されていた葉狩哲氏の「時計じかけのハート美人」などの資料は非常にありがたかった。本書は遠藤氏という興味深いキャラクターを得ることで「顔」の見えるストーリーになったと思うので、遠藤氏の生涯を今に伝えるこれらの資料の存在は文字通り本書の命運を握っていた。さらに、『東京急行電鉄50年史』、『松屋百年史』、『渋谷駅１００年史』、『株式会社阪急百貨店50年史』、『江東楽天地二十年史』、『東京楽天地二十五年の歩み』、『髙島屋１５０年史』、『松坂屋70年史』、『松坂屋百年史』などの年史の数々によって、あちこちにポッカリ空いた歴史の空白を埋めていくこともできた。これらの記録を残してくれた方々に、改めて感謝である。

正直に告白すれば、実は私自身はこれまで渋谷とは縁遠い男だった。自宅からのアクセスの良さから、子供の頃から遊ぶのも買い物も新宿が中心だったのだ。高校ぐらいまでは渋谷まで足をのばす機会がほとんどなく、せいぜい東急文化会館のプラネタリウムに行ったくらいの記憶しかない。大学時代はミニシアター乱立の時代で、それらの映画館に行くために渋谷に足を運んだものの、映画だけ見て帰ってきてしまうというような状態だったと思う。それというのも、渋谷という街の特異さについていけなかったところがあったからかもしれない。

おそらく東京生まれ東京育ちの人間であっても、渋谷という街はどこか異質なものを感じる場所ではないだろうか。今でこそ渋谷スクランブル交差点が「東京のアイコン」のように国際的に有名になってはいるが、つい最近まで渋谷は決して「東京を代表する街」というイメージではなかった。「若者の街」とよくいわれているが、かつて同じく「若者の街」といわれた新宿の「それ」とは明らかに異なる。この街に元々慣れ親しんでいる人以外には、最初はちょっと戸惑うことが多い場所ではないか。

そもそも渋谷駅そのものが、なんとも複雑怪奇でわかりにくい。まるでトリックアートみたいな構造で、私などはどこか奇妙なものを感じていたように思う。

今回、本書を作ることになって改めて渋谷を駅周辺から調べてみて、その成り立ちと経緯がわかってみると、改めて「なるほど」と合点がいくことが多かった。私が「奇妙さ」を感じていたというのも、まるで街作りの実験場のようなかたちで渋谷駅周辺が作られてきたことに起因するのだろう。また、年代別に渋谷駅をほぼ同アングルから撮影した写真を並べて見ていくことで、バージニア・リー・バートンの傑作絵本『ちいさいおうち』のページをめくっていくような不思議な感慨に浸ることもできた。われながら「東京のお上《のぼ》りさん」でまことにお恥ずかしい限りだが、渋谷の見え方が少し変わって来たような気さえしている。

今日、渋谷が世界の人々の注目を集めているのも、おそらくこの街の歩んできた歴史に秘密があるのではないだろうか。本書がちょうど渋谷再開発の真《ま》っ只中《ただなか》に制作され、「ひばり号」の舞台となった東横百貨店＝東急百貨店東横店の消滅とタイミングを合わせるように出版されるのも、不思議な偶然といえるだろう。これもまた、本書を巡るひとつの出会いである。

本書を読んでいただいた方が、渋谷スクランブルスクエア東棟の展望台「渋谷スカイ」にでも上がった時に、そこに失われた「ひばり号」の残像を感じていただけたら著者としてこれ以上の幸せはない。

遠藤嘉一氏の大いなる業績に、改めて光が当たることを祈って。

渋谷スクランブルスクエア東棟オープンまもない二〇一九年一二月の東京にて

夫馬信一

参考資料

◉「渋谷懐古帖」関田克孝（『鉄道と街・渋谷駅』宮田道一、林順信〈大正出版〉より）１９８５年
◉『渋谷駅とその周辺 懐かしの電車と汽車』巴川享則（多摩川新聞社）２０００年
◉『日本近代の架空索道』斎藤達男（コロナ社）１９８５年
◉『遊園地の文化史』中藤保則（自由現代社）１９８４年
◉「時計じかけのハート美人」(1)～(16) 葉狩哲（『ゲームマシン』１９８２年12月1日・第２０２号、12月15日・第２０３号、１９８３年1月1日-15日・第２０４号、2月1日・第２０５号、2月15日・第２０６号、3月1日・第２０７号、3月15日・第２０８号、4月1日・第２０９号、4月15日・第２１０号、5月15日・第２１２号、6月1日・第２１３号、6月15日・第２１４号、7月1日・第２１５号、7月15日・第２１６号、8月15日・第２１８号、１９８４年4月1日・第２３３号）
◉『ゲームマシン』WEB版・２００１年3月1日号、２００９年9月15日号、２０１０年7月1日号
◉『遊戯機械産業の先駆者たち』（「遠藤嘉一氏を称え先駆者をしのぶ会」実行委員会）
◉『月刊アミューズメント産業』１９７７年5月号、１９７７年6月号（全日本遊園協会）
◉『日本娯楽商報』（日本娯楽機製作所）
◉『NIPPON GORAKU営業案内』（日本娯楽機株式会社）
◉『社団法人日本アミューズメントマシン工業協会設立20周年記念誌』（社団法人日本アミューズメントマシン工業協会）
◉『東京急行電鉄50年史』東京急行電鉄株式会社社史編纂事務局・編（東京急行電鉄株式会社社史編纂委員会）１９７３年
◉『土木建築工事画報』１９３７年6月号、１９３７年10月号、１９３８年6月号、１９３９年3月号
◉『建築技術』１９５３年11月号、１９５４年10月号
◉『東急會館』（東京急行電鉄株式会社）１９５４年
◉『東急会館 工事報告』（東京急行電鉄株式会社）１９５５年
◉『大きな声／建築家坂倉準三の生涯』「大きな声」刊行会・編（坂倉百合）１９７５年
◉『坂倉建築研究所図面台帳』１９５２年分（坂倉建築研究所）
◉『東横百貨店新館完成記念 伸びゆく東横』（東横百貨店）１９５４年
◉『新建築』第74巻10号・１９９９年9月臨時増刊号
◉『渋谷駅１００年史』（日本国有鉄道渋谷駅）１９８５年
◉『記憶のなかの街 渋谷』中林啓治（河出書房新社）２００１年
◉東京都公文書館資料：
『玉川線軌道渋谷停留場本屋拡張並工費予算変更【玉電ビル建築設計図2】東京横浜電鉄（株）』
◉外務省外交史料館資料：
『本邦博覧会関係雑件 日本万国博覧会（一九四〇年）第一巻』分類番号 E-2-8-0-3_3_001
◉松林宗恵記念館資料：
『東京のえくぼ 第一回作品』アルバム
◉大阪府立中之島図書館資料：
『大阪府写真帖』（大阪府）１９１４年
『大阪名所絵葉書』（出版社不明）
『大阪新名所新世界写真帖』（大阪土地建物）１９１３年
◉『なつかしき大阪／写真でたどる大阪の歴史・魅力再発見！』佐々木豊明（文芸社）２００３年
◉『企画展 渋谷駅とその周辺写真展(二)／渋谷のむかし写真展シリーズ4 展示写真資料一覧』（白根記念渋谷区郷土博物館・文学館）会期：２００７年5月10日～6月24日
◉『渋谷の記憶Ⅱ／写真で見る今と昔』（渋谷区教育委員会）２００９年
◉『渋谷の記憶Ⅲ／写真で見る今と昔』（渋谷区教育委員会）２０１３年
◉『井の頭線 沿線の1世紀』（生活情報センター）２００６年
◉『１００年１００歩』（安藤建設株式会社）１９７２年
◉『松屋百年史』社史編集委員会（株式会社松屋）１９６９年

◉『髙島屋150年史』髙島屋150年史編纂委員会編（株式会社髙島屋）1982年
◉『髙苑』54号・1958年9月、163号・1977年1月、194号・1982年
◉『髙翔』1984年1月号
◉『松坂屋70年史』松坂屋70年史編集委員会編（松坂屋）1981年
◉『松坂屋百年史』松坂屋百年史編集委員会編集（松坂屋）2010年
◉『店史概要』（松坂屋）1964年
◉『銀営販売時報』開店10周年記念号（松坂屋銀座店）1933年
◉『伊勢丹七十五年の歩み』著者・菱山辰一／編纂・伊勢丹創業七十五周年社史編纂委員会（株式会社伊勢丹）1961年
◉『伊勢丹百年史』編纂・株式会社伊勢丹広報担当社史編纂事務局（株式会社伊勢丹）1990年
◉『大三越歴史寫眞帖』（大三越歴史寫眞帖刊行会）1932年
◉『株式会社三越創立五十周年記念出版／三越のあゆみ』「三越のあゆみ」編集委員会（株式会社三越本部総務部）1954年
◉『新宿風景Ⅱ／一枚の写真 そして未来へ』（新宿歴史博物館）2019年
◉『昭和ノスタルジック百貨店』オフィス三銃士・編著（ミリオン出版）2011年
◉『百貨店思出話』塚本鉢三郎（百貨店思出話刊行会）1950年
◉『江東楽天地二十年史』（江東楽天地二十年史編纂委員会）1957年
◉『東京楽天地二十五年の歩み』（東京楽天地）1962年
◉『宝塚』（寒川松林庵）1932年
◉『寶塚グラフ』1950年7月号
◉『風致』1936年10月13日号
◉『鎮守の森だより NPO法人社叢学会ニュース』第17号・2005年9月12日
◉東横沿線コミュニティー誌『とうよこ沿線』36号・1986年12月1日
◉『世田谷のちんちん電車〈玉電今昔〉』林順信（大正出版）1984年
◉『玉電が走った街今昔／世田谷の路面電車と街並み変遷一世紀』林順信（JTB）1999年
◉『あの日、玉電があった／玉電100周年記念フォトアルバム』玉電アーカイブス研究会（東急エージェンシー出版部）2007年
◉「足尾の産業遺跡」（1）〜（47）足尾町文化財調査委員会（『広報あしお』2002年1月号〜2005年9月号より）
◉『帝都高速度交通営団史』（東京地下鉄株式会社）2004年
◉『東武鉄道百年史』（東武鉄道株式会社）1998年
◉『株式会社阪急百貨店50年史』（株式会社阪急百貨店）1998年
◉岩波写真文庫・68『東京案内』（岩波書店）1952年
◉『日本美術年鑑1938年』（帝国美術院付属美術研究所）1938年
◉『THE JAPAN MAGAZINE』Olympic Number／1936年№1〜2
◉『東京航空写真地図』（創元社）1954年
◉『実記百年の大阪』読売新聞大阪本社社会部・編（朋興社）1987年
◉『特別展 大阪／写真／世紀 カメラがとらえた人と街』大阪歴史博物館・編集（大阪歴史博物館）会期：2002年8月10日〜9月30日
◉『ロープウエイ探訪 昭和の希望を運んだ夢の乗り物！』松本晋一・著（グラフィック社）2016年
◉『特殊鉄道とロープウェイ』生方良雄（交通研究協会）1995年
◉『大阪モダン 通天閣と新世界』橋爪紳也（NTT出版）1996年
◉『安全索道100年の仕事 1915〜2015』（安全索道株式会社）2016年
◉『安全索道80周年記念誌 人と技術の80年』（安全索道株式会社）1996年
◉『報告書 第十二回オリンピック東京大會』（第十二回オリンピック東京大會組織委員会）1939年
◉『第十二回オリンピック東京大會 東京市報告書』（東京市役所）1939年
◉『1940年第12回オリンピック東京大会 招致から返上まで』（東京都）1952年
◉會報『萬博』（日本萬國博覽會協会／日本萬國博覽會事務局）第1号・1936年5月、第12号・1937年4月
◉『第18回オリンピック競技大会 東京1964 公式報告書 上』（オリンピック東京大会組織委員会）1966年

◉『第11回オリンピック冬季大会報告書』（財団法人札幌オリンピック冬季大会組織委員会）１９７２年

◉『第11回冬季オリンピック札幌大会報告書』北海道総務部総務課・編（北海道庁）１９７３年

◉『第11回オリンピック冬季大会札幌市報告書』札幌市総務局オリンピック整理室・編（札幌市）１９７２年

◉『第18回オリンピック冬季競技大会 公式報告書』信濃毎日新聞社（財団法人長野オリンピック冬季競技大会組織委員会）１９９９年

◉『「新千歳市史」機関誌／「志古津」過去からのメッセージ』第19号（千歳市）２０１４年３月

◉『歴史の足跡をたどる 日本遺構の旅』なるほど知図帳日本編集部・編（昭文社）２００７年

◉『なるほど知図帳日本２００８』（昭文社）２００８年

◉『幻の東京五輪・万博１９４０』夫馬信一（原書房）２０１６年

◉『航空から見た戦後昭和史――ビートルズからマッカーサーまで』夫馬信一・著／鈴木真二・航空技術監修（原書房）２０１７年

◉『１９６４東京五輪聖火空輸作戦』夫馬信一・著／鈴木真二・航空技術監修（原書房）２０１８年

◉『史上最強カラー図解／プロが教える 橋の構造と建設がわかる本』藤野陽三・監修（ナツメ社）２０１２年

◉『読売新聞』１９１６年10月11日、１９３４年１月９日、４月22日夕刊、１９３８年６月25日、１９４８年５月19日、１９５１年７月18日夕刊、１９５３年10月30日夕刊、１９８５年１月17日、１９８８年２月27日、１９８９年２月８日、11日、５月２日夕刊、２００７年６月18日

◉『東京朝日新聞』１９３２年10月４日、１９３３年２月25日、１９３４年４月22日、１９３５年３月９日、１９３７年７月９日夕刊、１９３８年10月29日

◉『朝日新聞』１９４０年９月28日、１９４４年10月13日、10月23日、１９４９年４月２日、10月12日、１９５０年６月26日、１９５１年４月17日、６月６日、８月４日、９月９日、10月25日、１９５２年７月20日、１９５７年６月29日、１９６２年12月19日、１９８９年２月８日、２月10日夕刊、５月２日夕刊、２０１４年６月３日夕刊、２０１９年１月５日夕刊、12日夕刊、19日夕刊、26日夕刊、３月24日、４月19日、10月25日、11月１日、１日夕刊、２日、26日、12月28日夕刊、２０２０年１月４日

◉『毎日新聞』１９５１年４月17日、５月９日、６月５日、８月４日、８月26日、１９５２年５月７日、５月10日夕刊、１９５３年７月27日夕刊、８月28日、８月28日夕刊、10月９日、１９６４年10月８日、１９８９年２月８日、２０１３年３月29日夕刊

◉『サン写真新聞』１９５４年11月21日

◉『渋谷地区コミュニティ・マート構想モデル事業報告書』渋谷地区商店街活性化協議会・編（渋谷地区商店街活性化協議会）１９８８年３月

◉『渋谷区実施計画 第２次 昭和63年度〜昭和65年度』渋谷区企画部企画課・編（渋谷区企画部企画課）１９８８年２月

◉『渋谷区緑化基本計画 しぶや緑のまちなみプラン』渋谷区建築公害部公害課・編（渋谷区建築公害部公害課）１９９０年３月

◉『渋谷区における景観計画のあり方とその課題について（別添資料）』渋谷区景観づくり懇話会・編（渋谷区景観づくり懇話会）１９８８年12月

◉『渋谷区勢概要（平成元年版）』渋谷区経営企画部広報コミュニケーション課・編（渋谷区経営企画部）１９８９年

◉『和田堀公園マネジメントプラン／和田堀公園の管理運営、整備等の取組方針』（東京都建設局）２０１５年５月

◉「わが国の百貨店の歴史的経緯とその評価」木綿良行（『成城大学経済研究』162号・２００３年11月より）

◉「三越日本橋本店本館の建築計画の変化と収益性／三越日本橋本店本館の増改築の変遷 その１」野村正晴（『日本建築学会計画系論文集』第81巻・第728号・２０１６年10月より）

◉『戦前の風致地区における行楽地形成手法に関する研究』新屋沙織／指導教官・齋藤潮（齋藤潮研究室）

◉『明治・大正期における在北京日本公使館の建築／眞水英夫設計四代目建築群を中心として』川原聡史（芝浦工業大学大学院理工学研究科建設工学専攻 ２０１４年度・建設工学専攻賞）

◉「再定住期の日米交流／１９４９年全米水上選手権大会を中心に」増田直子

（『JICA横浜海外移住資料館　研究紀要』第4号・2009年度より）
◉『1923関東大震災報告書　第1編』中央防災会議災害教訓の継承に関する専門調査会（内閣府）2006年7月
◉「渋谷の駅空間形成の変遷」為国孝敏、榛沢芳雄（『土木史研究』第10号・1990年6月より）
◉「我国の遊園地・テーマパーク産業の生成と発展」中島恵（『観光&ツーリズム』第16号より）
◉「国内テーマ・パークの盛衰と今後の方向性に関する一考察」松井洋治（『埼玉女子短期大学研究紀要』第12号・2001年3月より）
◉「世界経済危機を契機に資本主義の多様性を考える」財務総合政策研究所次長・田中修（『財務省広報誌ファイナンス』2010年11月号より）
◉『我が国におけるロープウェイの都市内交通としての役割に関する研究』早内玄、中村文彦、田中伸治、三浦詩乃、有吉亮（横浜国立大学地域実践教育研究センター地域課題実習・地域研究報2016年度）
◉「吉田初三郎・金子常光の鳥瞰図等について／平成23年度購入資料の紹介」佐藤良宣（『青森県立郷土館研究紀要』第36号・2012年より）
◉「鉄鋼の設備投資と取引の関連についての史的考察／両大戦間期を中心に」金容度（『イノベーション・マネジメント』No.11・2014年3月より）
◉『日本製鉄株式会社史：1934－1950』（日本製鉄株式会社）1959年
◉『昭和58年度運輸白書』（運輸省）
◉『JR渋谷駅改良工事の本体工事着手について』ニュースリリース（東日本旅客鉄道株式会社）2015年7月14日
◉『渋谷駅周辺地区における再開発事業の進捗について』ニュースリリース（東京急行電鉄株式会社／東急不動産株式会社）2016年10月24日
◉『渋谷駅スクランブル交差点前に新たな大型屋外ビジョン「渋谷駅前ビジョン」が登場！』ニュースリリース（東京急行電鉄株式会社／株式会社東急エージェンシー）2018年12月20日
◉『大阪市統計書　第20回第7編（大正10年）一般商業・交通』（大阪市役所）
◉『昭和大阪市史続編　第7巻　文化編』大阪市役所・編（大阪市役所）1968年
◉『通天閣30年のあゆみ』（通天閣観光）1987年
◉『大阪市の昭和　写真アルバム』（樹林舎）2018年
◉『東京大空襲秘録写真集』（雄鶏社）1953年
◉『目で見る杉並区の100年』（郷土出版社）2012年
◉『レンズの記憶／杉並、あの時、あの場所』（杉並区立郷土博物館）2007年
◉『競艇沿革史』（全国モーターボート競走施行者協議会）1970年
◉『さっぽろ文庫84巻　中島公園』札幌市教育委員会・編（北海道新聞社）1998年
◉『まことしやかにさりげなく　映画監督松林宗恵』大住広人（仏教伝道協会）2010年
◉『東京のえくぼ』（新東宝映画）1952年公開
◉『東京暗黒街／竹の家〈House of Bamboo〉』（20世紀フォックス映画）1955年公開
◉『恋文』（新東宝映画）1953年公開
◉『泥だらけの純情』（日活映画）1963年公開
◉『ウルトラQ』（TBS、円谷プロダクション）第17回「1／8計画」1966年放送
◉『爆弾男といわれるあいつ』（日活映画）1967年公開
◉『太陽にほえろ！』（日本テレビ、東宝）第58話「夜明けの青春」1973年放送
◉『俺たちの祭』（日本テレビ、ユニオン映画）第7回「季節の香り」1978年放送
◉『関西乗車券研究会[関乗研]』ブログ：「東横百貨店　ロープウェイ」2016年11月6日
◉『国立米子工業高等専門学校建築学科　玉井研究室』ブログ：「竹筋コンクリートについて（開発の背景）」2006年1月2日
◉『渋谷文化プロジェクト』HP（東京急行電鉄株式会社　都市創造本部）：「独断と偏見で「2011年の渋谷」を振り返る」2011年12月31日、「さよなら、僕らが愛した〝かまぼこ屋根〟の東横線渋谷駅」2013年3月15日、「取り壊し直前、「東急東横店東館」見納めツアー敢行！　78年間の歴史に幕を閉じたターミナルデパートの全貌に迫る」2013年7月1日、「ビジョン

広告の広告価値の高さ」２０１３年11月29日、「今昔写真から振り返る「あの日の渋谷」ｖｏｌ・３／テーマ：「１９６４年の渋谷駅ハチ公前広場」」２０１８年２月14日

◉「渋谷駅はいまが一番ややこしい！／地上３階から 地下５階まで…複雑になった経緯は」（『乗りものニュース』２０１８年９月26日）

◉「渋谷の「駅と街」は40年でこれだけ変わった／昔は駅前に魚屋やレトロなアパートもあった」南正時（『東洋経済ＯＮＬＩＮＥ』２０１７年９月17日）

◉「東京大改造／ついに着工、渋谷大改造の全貌」瀬川滋（『日経 xTECH』２０１４年８月１日）

◉「なぜ人はスクランブル交差点に集まるのか／「世界最大の天国」は日本にあった」北海道大学大学院准教授・岡本亮輔（『プレジデントオンライン』）２０１８年６月24日

◉『都市商業研究所』ＨＰ

◉「世界で一番高い場所にあるロープウエーが開業、ボリビア」（『ＡＦＰ ＢＢ Ｎｅｗｓ』）２０１４年５月31日

◉『【世界の乗り物】ロープウェーも市民の足 各地で日本の旧型車両活躍』朝日新聞国際報道部（withnews）２０１８年７月３日

◉『だいなみっくなぶろぐ』：「横浜博ゴンドラからの景色」２０１７年９月28日、「ブルアちゃんバス」２０１３年11月20日、「横浜博準備中の頃」２０１０年４月25日

◉『すぎなみ学倶楽部』：『終戦前に出現!? わが町ウォーターシュート物語』（杉並区産業振興センター）

◉『株式会社乃村工藝社』ＨＰ：『博覧会資料ＣＯＬＬＥＣＴＩＯＮ』

◉『Ceretti Tanfani』Official Website

◉『Cenni di storia su Ceretti &Tanfani』Alessandro Lombardini（『quota neve』n. 70, maggio - giugno 1993）

◉『L'Expo da Milano 1894 a Milano 2015』Paolo Guglielminetti（『Il Collezionista』2014／aprile）

◉『Funivie.org - The Largest online ropeways' resource』Website

◉内閣府ＨＰ：「景気基準日付」

◉「東急東横店・屋上「ちびっ子プレイランド」、東館閉館で営業終了へ」（『シブヤ経済新聞』２０１３年３月28日）

◉『世界一周フォトたび』ブログ

◉『日本の超高層ビル』ＨＰ

◉『歓喜の索道』ＨＰ

◉『一般社団法人日本索道工業会』ＨＰ：『索道について』

◉『ｍｏｒｉｃｈｉのホームページ』ＨＰ

◉『とうよこ沿線』ＨＰ

◉『失われたロープウェイ』ＨＰ

◉『毎日てんてこまい！』ブログ

◉日本取引所グループＨＰ：『株式取引所開設１４０周年』

◉福岡市議会ＨＰ：『平成31年２月議会 第４委員会報告資料』

◉『ウォーターフロント地区における新たな交通システムの検討状況について』（住宅都市局）

◉国土交通省ＨＰ：『企業のみどりの保全・創出に関する取組み』（都市局 公園緑地・景観課）

◉『渋谷スクランブル交差点―世界で最もワイルドな交差点にようこそ』（CNN.co.jp）２０１９年８月25日

協力者一覧（順不同）

◉東急株式会社
◉東急百貨店　渋谷駅・東横店
◉清水建設株式会社
◉魁綜合設計事務所
◉株式会社坂倉建築研究所
◉白根記念渋谷区郷土博物館・文学館
◉渋谷区広報コミュニケーション課　区政資料コーナー
◉渋谷スクランブルスクエア株式会社
◉ニチゴ株式会社
◉鈴木徹也
◉株式会社アミューズメント通信社
◉株式会社アミューズメント産業出版
◉一般社団法人日本アミューズメントマシン協会
◉一般社団法人日本アミューズメント産業協会
◉兵庫県立歴史博物館
◉公益社団法人土木学会附属土木図書館
◉オリエンタル白石株式会社
◉株式会社安藤・間
◉江津市教育委員会社会教育課文化スポーツ振興係
◉国際放映株式会社
◉村上事務所
◉加山プロモーション
◉加田芳英
◉関西乗車券研究会
◉曽我誉旨生

◉日光市役所文化財課世界遺産登録推進室
◉足尾銅山・映像データベース研究会
◉株式会社松屋
◉新宿区立新宿歴史博物館
◉中央区立京橋図書館
◉株式会社東京楽天地
◉すみだ郷土文化資料館
◉台東区教育委員会生涯学習課
◉台東区立中央図書館
◉日本百貨店協会
◉東京都都市整備局
◉国土交通省鉄道局施設課
◉国土交通省関東運輸局鉄道部管理課
◉国土交通省住宅局建築指導課
◉総務省消防庁予防課
◉東京消防庁広報課
◉大阪市消防局予防課
◉斎藤チエ子
◉一般社団法人日本索道工業会
◉一般財団法人日本鋼索交通協会
◉安全索道株式会社
◉東京索道株式会社
◉日本ケーブル株式会社
◉国立国会図書館
◉外務省外交史料館
◉東京都公文書館
◉佐藤豊
◉佐藤洋一（早稲田大学社会科学総合学術院社会科学部教授）

◉東日本旅客鉄道株式会社 渋谷駅内勤事務室
◉東日本旅客鉄道株式会社
◉東京地下鉄株式会社
◉公益財団法人メトロ文化財団 地下鉄博物館
◉東武鉄道株式会社
◉一般財団法人東武博物館
◉阪急電鉄株式会社
◉株式会社宝塚クリエイティブアーツ
◉宝塚市立中央図書館
◉松本晋一
◉宝塚市観光企画課
◉杉並区郷土博物館
◉杉並区産業振興センター
◉NPO法人チューニング・フォー・ザ・フューチャー
◉東京大学工学・情報理工学図書館 工1号館図書室A
◉齋藤潮（東京工業大学環境・社会理工学院教授）
◉大宮八幡宮
◉杉並郷土史会
◉札幌市総務局行政部公文書館
◉江崎グリコ株式会社
◉株式会社髙島屋 髙島屋史料館
◉株式会社三越伊勢丹ホールディングス
◉一般財団法人J．フロントリテイリング史料館
◉株式会社大丸松坂屋百貨店
◉株式会社小田急百貨店
◉株式会社京王百貨店
◉株式会社そごう・西武
◉西武百貨店池袋本店

◉エイチ・ツー・オーリテイリング株式会社
◉株式会社阪急阪神百貨店
◉株式会社東武百貨店
◉株式会社さいか屋 町田ジョルナ
◉東急百貨店 ShinQs（シンクス）
◉ジェイアール東日本商業開発株式会社
◉東急プラザ蒲田
◉NTT東日本情報通信史料センタ
◉三浦大介
◉森地一夫
◉岩田忠利
◉探検コム
◉公益財団法人政治経済研究所付属 東京大空襲・戦災資料センター
◉公益財団法人札幌スキー連盟
◉公益財団法人全日本スキー連盟
◉千歳市総務部
◉札幌市スポーツ局招致推進部
◉公益財団法人日本オリンピック委員会
◉公益財団法人東京オリンピック・パラリンピック競技大会組織委員会（2020）
◉公益財団法人日本スポーツ協会
◉Comité International Olympique, Strategic Communication Department
◉長野市文化スポーツ振興部
◉白馬村教育委員会生涯学習スポーツ課
◉万博記念公園マネジメント・パートナーズ
◉世界一周フォトたび uca
◉在日ジョージア大使館
◉ジョージア政府観光局

◉ニューヨーク市観光局日本オフィス
◉Shutterstock.com
◉吉野大峯ケーブル自動車株式会社
◉NBCユニバーサル・エンターテイメントジャパン
◉株式会社ソニー・ピクチャーズ エンタテインメント
◉株式会社東北新社
◉横浜新都市センター株式会社
◉横浜市都市整備局みなとみらい21推進課
◉横浜市史資料室
◉絵葉書資料館
◉大阪府立中央図書館
◉大阪府立中之島図書館
◉株式会社乃村工藝社
◉東京都立中央図書館
◉独立行政法人国立科学博物館
◉仙台市教育委員会生涯学習課
◉愛知大学国際中国学研究センター
◉シブヤ経済新聞
◉渋谷地下商店街振興組合
◉忠犬ハチ公銅像維持会
◉ギャラリーなが屋門
◉鹿児島市立美術館
◉中央区郷土天文館
◉江戸東京博物館
◉熊本県警察本部交通規制係
◉警察庁広報室
◉東京法務局渋谷出張所
◉福岡市住宅都市局

◉横浜市都市整備局
◉江東区都市整備部まちづくり推進課
◉足利市映像のまち推進課
◉TBSテレビ
◉東急建設株式会社
◉近畿日本鉄道株式会社
◉鉄道博物館
◉原あいみ
◉大正出版株式会社
◉関田克孝
◉日本財団図書館
◉昭和館
◉株式会社岩波書店
◉The U.S. National Archives and Records Administration
◉朝日新聞社
◉読売新聞社
◉共同通信社

交通関連考証・資料提供……曽我誉旨生

イラスト………………………しゅうさく

取材テキスト作成……………山本晶（AKIRA text create）

画像処理………………………林均

編集協力………………………本山光、金子真理、森田友美子、河野友美、沖山崇

＊使用した画像の一部には、著作権所有者が不明でご連絡できないものがありました。ご存知の方は、編集部までご一報ください。なお、本書の記事・画像について、無断で転載することを禁じます。

渋《しぶ》谷《や》上空《じょうくう》のロープウェイ

幻《まぼろし》の「ひばり号《ごう》」と「屋上遊園地《おくじょうゆうえんち》」の知《し》られざる歴史《れきし》

2020年4月10日　第1刷発行

著　者　夫馬信一《ふましんいち》

発行者　富澤凡子

発行所　柏書房株式会社
東京都文京区本郷2-15-13（〒113-0033）
電話（03）3830-1891［営業］
（03）3830-1894［編集］

装　丁　八木麻祐子（Isshiki）
組　版　Isshiki
印　刷　萩原印刷株式会社
製　本　株式会社ブックアート

ISBN978-4-7601-5232-2